藏在厨房里的化学实验

顾春晖 著

机械工业出版社
CHINA MACHINE PRESS

从北京大学化学与分子工程学院博士毕业的作者，结合他在重点中学的教学经验，将初高中教材与课程标准中的化学知识以漫画、家庭实验和游戏卡牌的形式制成化学启蒙和科普读物。

本书以家庭和厨房作为学习场景，记录了“饭店一家人”的生活，在购买食材和制作美食的过程中，将化学学习中涉及的知识点和学习方法轻松地分享给孩子。在每节结尾处作者还设计了简单、易操作的化学实验，指导孩子用家中易取的材料进行简单的操作，将抽象的化学学习转化成有趣的科学活动。

书中还附赠了充满创意的元素周期表海报，助力孩子用图示化方法学习和掌握化学知识，从而更深入地认识化学并喜欢上化学。

图书在版编目（CIP）数据

藏在厨房里的化学实验 / 顾春晖著. — 北京：机械工业出版社，2024.4（2024.9 重印）
ISBN 978-7-111-75536-4

Ⅰ. ①藏…　Ⅱ. ①顾…　Ⅲ. ①化学实验 – 青少年读物　Ⅳ. ①O6-3

中国国家版本馆 CIP 数据核字（2024）第 068895 号

机械工业出版社（北京市百万庄大街22号　邮政编码100037）
策划编辑：丁　悦　　　　责任编辑：丁　悦
责任校对：杨　霞　薄萌钰　韩雪清　　责任印制：李　昂
北京尚唐印刷包装有限公司印刷

2024 年9月第1版第3次印刷
165mm × 225mm · 13.75印张 · 1插页 · 185千字
标准书号：ISBN 978-7-111-75536-4
定价：69.80元

电话服务
客服电话：010-88361066
010-88379833
010-68326294

网络服务
机　工　官　网：www.cmpbook.com
机　工　官　博：weibo.com/cmp1952
金　　书　　网：www.golden-book.com
机工教育服务网：www.cmpedu.com

自序

从浓烟滚滚的化工厂，到黑心商贩使用的有毒添加剂，化学俨然成为有毒害、有危险、有污染的代名词。老一辈曾谈化学而色变，纷纷敬而远之。

年轻人对化学好像也颇有微词。以应试、升学为目标的传统化学教育会涉及海量的概念与规则，需要耗费大量精力记忆与背诵。初学者往往死记硬背，不知所以，每日疲于应付，最后消磨了对化学学习的兴趣，根本谈不上乐趣。

无论是老一辈人还是年轻人，化学科普工作可谓任重而道远。

化学包罗万象，既有海量的自然事实记载，又有适用范围不同的化学理论，更有无数前辈巧夺天工的生产应用……学科性质决定了化学知识相比于数学、物理零散、琐碎且充满反例。所以说化学的学习更需要兴趣驱动，只有饱含学习热情的同学才能潜心去研究它们并理解其背后的道理。

我见过许多同学在期末考试之前抱着复习资料，背诵知识要点和化学方程式。稍有差错便咬牙切齿、捶胸顿足。我想他们此时一定对化学恨之入骨。可惜的是，兴趣丧失，思维固化，不良的学习习惯养成之后，再培养与纠正就变得困难重重了。从某些角度来说，在低年级开启化学科普，用轻松的方式培养小朋友的兴趣更加重要。

受国外优秀作品、优秀课例的启发，我希望能将漫画式的表达与游戏化教学融入化学教育，用小孩子喜欢的方式开展化学科普，这便是本书创作的思路与缘起。漫画与游戏曾被视为孩子的“精神鸦片”，被老师与家长视为洪水猛兽。能够将化学知识体系完整漫画化的国内作品也少有。不过我坚持认为，漫画与游戏是路径而不是结果，倘若二者能为掌握知识服务，势必会达到事半功倍的学习效果。

我的创作不出意料地艰难。从对教学大纲的分析、故事与游戏的设计到绘画完成花了4年之久，终于实现了知识与漫画的深度融合。本书的漫画不再是文字简单配上插图，章节也不是互不相通的单元。书中苏家的故事情节连贯完整，家中的成员就是隔壁饭店的模范夫妻、邻家的学霸大哥和俏皮小妹。他们个性饱满、相互温暖、其乐融融，不是为了刻意灌输化学知识才穿上漫画衣服的工具人物。

为了保证知识传递的准确性，本书不可避免会使用严肃的化学用语。它们的表述都结合了有趣的比喻和类比，以避免初学时的生硬感与枯燥感，而这些都是教材里不会有的。为了提高低龄群体的接受程度，使用类比的表达方式就必然包含主观理解差异和所带来误解的可能性。不过我认为，必须要有人敢于率先迈出这一步，把孩子引进门。

我希望在读过本书之后，有更多的小朋友能够从此书中获益，家长能够在陪读过程中增长见闻，家长和孩子在实验互动的过程中能够增进感情。如果孩子们能够从本书中感受到化学学科的乐趣，有意愿阅读更多与化学有关的书籍，开启深入学习之旅，我将倍加欣慰与欢喜。

顾春晖

目录

探寻微观世界的奥秘

02

站在巨人的肩膀上

没有人在乎的空气

04

生活中的酸与碱

愉快的炭烧晚宴

06

为完美的身材而努力吧

小调料，大学问

老妈的素食风暴

终章
拥抱美好的未来

人物介绍

苏大霄（爸爸）：曾任大酒店的厨师长，不满大酒店菜肴的华而不实而另起炉灶，开张了苏轼酒楼，力求为食客提供极致的食材与口感。

英妈（妈妈）：苏轼酒楼的掌柜，负责接待客人与供货商，偶尔也会自己下厨。另外，妈妈还掌握着酒店的财政大权。

苏雨（哥哥）：今年高三，去年因化学“奥赛”获得金牌得以保送理想的大学。在自家饭店勤工俭学的同时，他还接到了一份棘手的任务——教妹妹学习化学。

苏雪（妹妹）：初一新生，虽然很羡慕哥哥取得的成绩，却不知道哥哥每天在搞什么。她的理想是成为像父亲一样优秀的厨师。

开启化学的大门

京酱肉丝
凉拌牛肉
凉瓜炒蛋
红烧肘子
冰淇淋
红烧鱼
蒜蓉菜心

哇！好香啊，好想吃一口！
不行，必须等你哥哥回来才能吃。

话说苏雨早该到家了，怎么还没到？

爸妈，我回来啦！
第X届化学奥林匹克竞赛
金奖
奖
宝贝儿子终于回来了。
哥哥！
真为我们苏家长脸了！

开饭咯！！！！

干杯！
祝贺我家苏雨获得奥赛金牌，直接保送进入大学！

好吃好吃！你怎么回来这么晚，是飞机晚点了吗？
不，飞机很准时。就是……学校的欢迎典礼上，校长讲话有点长……

同学们，要向苏雨同学学习……
校长

哈哈哈哈，向你学习！
学习你翘英语课去化学实验室的光荣历史吗？
那……那都是过去的事儿了。

英语
苏雨呢，又不来上课？
我在这呢！
苏雨的座位
化学实验室
注：参加课外活动一定要向老师请假哦。

哥，保送就不
高考了吗？
嗯嗯……

那你还要
上学吗？

学校还是要去的。我可以去预习
一些大学知识。
但我可以不参加晚课，
下午就能回家……
哇！真羡慕！

苏雨，老爸现在
交给你两个重要
任务！

首先，苏雨下午回家
之后，先上咱家饭店
帮厨 2 小时。
哈哈哈哈
啊？！

当作勤工俭学，
挣取你大学
学费。
第二，你负责教苏雪化
学，她已经上初中了，
该学习化学了。
啊？

爸，你没搞错吧？
苏雪才初一啊！

你初一不就会背元素
周期表了吗？
那不一样吧？

我不要学化学！我
要成为爸爸那样的
大厨师！

优秀的厨师要精
选天然的食材，
绝对不能添加
任何化学物质！
啊？

那我给你一份不含任何化学物质的清单。
不含化学物质清单
0

化学物质
不管是柴米油盐，食品药品，衣服鞋帽，还是化妆洗护用品……只要是看得见，摸得到的东西，都属于化学物质。

这些物质的组成与变化都要受化学规律的指导。
就拿桌上的菜举例子吧，凉拌牛肉经常使用香菜点缀。

香菜的味道来自几种醛类。
癸醛
2- 癸烯醛
2- 十一碳烯醛
不同的人对这三种物质会产生不同的感觉——香味或臭味，故香菜的味道颇有争议。

红烧肉的颜色来自“糖色”，炒制“糖色”时，蔗糖发生“褐变反应”，产生红棕色。
焦糖布丁中的焦糖也是“褐变反应”的产物。
红烧肉
焦糖布丁

烹调肉类时加糖，氨基化合物与糖发生美拉德反应（化学反应的一种），
生成的物质具有迷人的肉香。

在享受鱼香的同时，人们却反感鱼的腥味。这种腥味来自鱼体内分解产生的三甲胺。
鱼

醋能与三甲胺反应，从而消除鱼的腥味。
听起来很有道理的样子。不过，即使我不懂化学也并不会影响饭菜的效果吧？

此言差矣！多亏了化学的发展，我们才有了更多的味觉体验。

碳酸饮料中含有大量糖，长期饮用容易导致肥胖与糖尿病。

无糖饮料添加“代糖”替代普通的糖。“代糖”是一类化学物质，具有甜味的同时又不参与人体代谢。多亏了代糖的发明，使人们在享受甜蜜的同时，不用担心能量过剩的问题。

香草冰淇淋曾经是贵族才能享用的奢侈品。因为香草豆荚产自南非洲上的马达加斯加岛，价格比白银还贵。

香草的味道来自香兰素。现在几乎所有的香草冰淇淋都添加了人工合成的香兰素。多亏香兰素的生产，使香草冰淇淋的价格跌落神坛，成为“平民口味”的代名词。

原来化学能让我们吃得更好，更香，更健康。

苏雪你就知道吃。化学的用途可大着呢！

上至国计民生、下至日常生活，化学都起到至关重要的作用。

即使未来不从事化学相关职业，了解基本的化学知识也是相当有必要的。学习化学知识能够增进对自然的了解，对世界上的各种现象能够科学客观地看待，以免被别有用心的人误导与蒙骗，被收了“智商税”。

曾几何时，许多“巫婆”“神汉”利用民众对化学的无知，用奇异的化学反应现象装神弄鬼，骗取钱财。

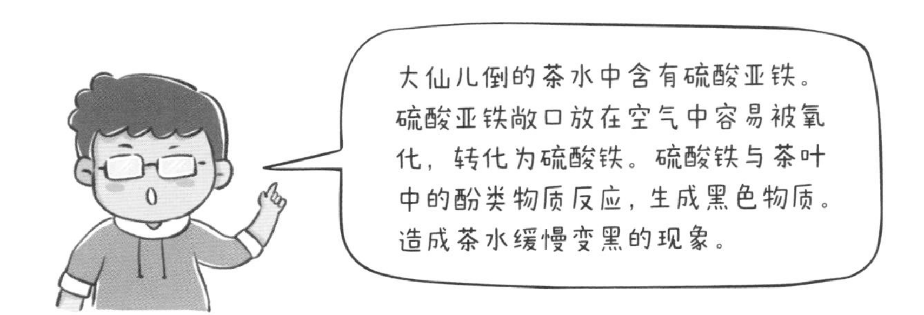

大仙儿带的菜板提前浸泡了氯化铁，而刀剑提前用硫氰化钾溶液擦过。两种物质发生化学反应时会产生鲜艳的红色，造成血迹的假象。

施主请看，妖魂已被本仙斩于剑下。
真可怕！
菜板

虽然现在不再有“巫婆”“神汉”招摇撞骗，但还是有不少宣传利用人们对化学的刻板印象，行伪科学之实。化学知识正是明辨是非，识破虚假宣传的有力武器。

水变油骗局

20 世纪 80 年代，骗子王某屡次表演将水“变成”汽油的魔术，骗取资金 4 亿元。

广告语：天然草本，不含任何化学物质

天然草本

无论国内还是国外，许多植物萃取产品都喜欢宣传自己“不含任何化学物质”。

某化妆品广告

我们恨化学

2015 年某品牌化妆品打出“我们恨化学”的广告语，后因社会舆论而停播。

在未来的半年内，我将用自己的方式为你开启化学的大门！

化学
这些都要背下来！
一般化学教科书和教辅中，经常出现大量需要记忆的专业名词和化学方程式。

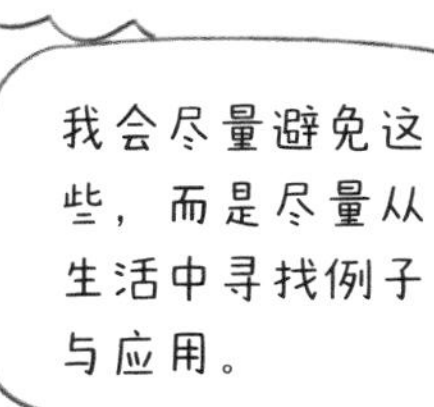

我会尽量避免这些，而是尽量从生活中寻找例子与应用。

不仅如此，我还会寻找合适的材料，与你共同完成化学实验。

是要去化学实验室吗？听起来很危险啊！

人们对化学实验室有着危险可怕的刻板印象，实际上，在注意操作规范的前提下，化学实验室是相当安全的地方。

厨房和化学实验室其实具有很多共性，我们可以在厨房开展简单的化学实验。

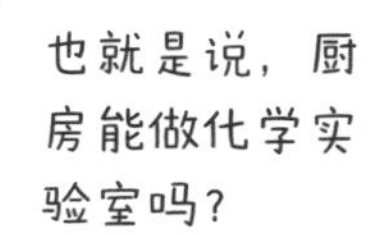

也就是说，厨房能做化学实验室吗？

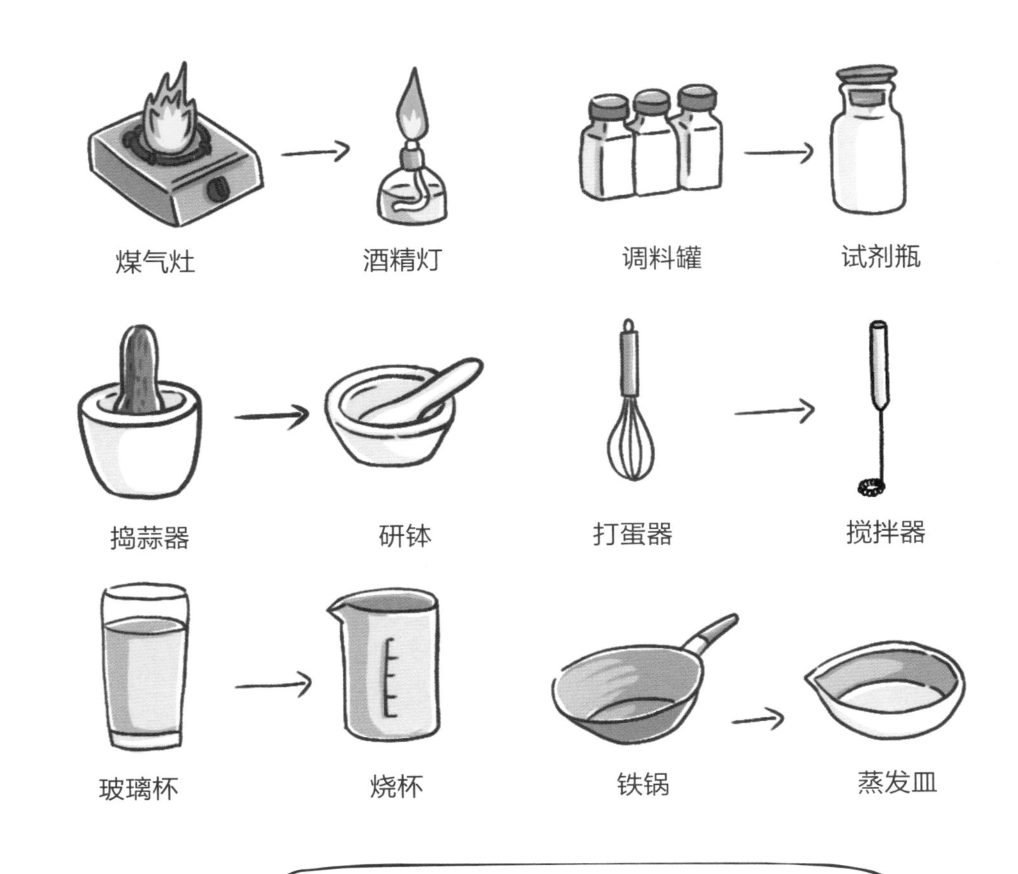
煤气灶
酒精灯
调料罐
试剂瓶
捣蒜器
研钵
打蛋器
搅拌器
玻璃杯
烧杯
铁锅
蒸发皿

是的！
不过我们要先学习一些理论知识作为基础。这些理论知识学起来不会让你感到乏味，我尽可能使用类比的方法讲解一些基础概念以及它们的用途。

哥，那就看你的了！

H 1 氢
Li 3 锂
Be 4 铍
Na 11 钠
Mg 12 镁
K 19 钾
Ca 20 钙
Sc 21 钪
Ti 22 钛
V 23 钒
Cr 24 铬
Mn 25 锰
Fe 26 铁
Co 2
钴
Rb 37 铷
Sr 38 锶
Y 39 钇
Zr 40 锆
Nb 41 铌
Mo 42 钼
Tc 43 锝
Ru 44 钌
Rh 4
铑
Cs 55 铯
Ba 56 钡
Hf 72 铪
Ta 73 钽
W 74 钨
Re 75 铼
Os 76 锇
Ir 7
铱
Fr 87 钫
Ra 88 镭
Rf 104 𬬻
Db 105 𬭊
Sg 106 𬭳
Bh 107 𬭛
Hs 108 𬭶
Mt 10
鿏

He 2 氦
B 5 硼
C 6 碳
N 7 氮
O 8 氧
F 9 氟
Ne 10 氖
Al 13 铝
Si 14 硅
P 15 磷
S 16 硫
Cl 17 氯
Ar 18 氩
28 镍
Cu 29 铜
Zn 30 锌
Ga 31 镓
Ge 32 锗
As 33 砷
Se 34 硒
Br 35 溴
Kr 36 氪
46 钯
Ag 47 银
Cd 48 镉
In 49 铟
Sn 50 锡
Sb 51 锑
Te 52 碲
I 53 碘
Xe 54 氙
78 铂
Au 79 金
Hg 80 汞
Tl 81 铊
Pb 82 铅
Bi 83 铋
Po 84 钋
At 85 砹
Rn 86 氡
57 La
58 Ce
59 Pr
60 Nd
61 Pm
62 Sm
63 Eu
64 Gd
65 Tb
66 Dy
67 Ho
68 Er
69 Tm
70 Yb
71 Lu
89 Ac
90 Th
91 Pa
92 U
93 Np
94 Pu
95 Am
96 Cm
97 Bk
98 Cf
99 Es
100 Fm
101 Md
102 No
103 Lr

01

探寻微观世界的奥秘

世界上最小的糖块

小雨小雪，帮忙准备一份“雪山飞狐！”

Yes sir!

哥哥，咱家饭店咋还有“雪山飞狐”这么高级的菜？
就是西红柿拌白糖。

……

切切～～～

细白糖竟然用光了，可恶！

糟了，顾客等不及就麻烦了，是时候展现我真正的技术了。

捣棍
冰糖
捣蒜器

哥哥你真正的技术就是捣蒜呀？
捣捣捣
西红柿

噔噔噔
真的细了好多

好甜啊～
雪山飞狐

冰糖
糖碎
绵白糖
冰糖、糖碎、绵白糖都是一种物质——
蔗糖，只是被碾碎的程度不同。

白糖最小能被
碾成多小呢？
一个分子

分子有多小呢？
这样说吧，分子和西红柿的比例，大
概等于西红柿和地球的比例。

《庄子 · 天下》曰："一尺之棰，日取其半，万世不竭"。意思是一尺长的木棍，每天取其长度的 1/2，即使经过万年也无法将其取尽。

事实上真的如此吗？一块糖每次从中间切一半，能无限分割下去吗？答案是不能。当糖还剩下最后一个分子时，就无法继续分割下去了。

实际上，分子还能被拆分成原子。不过若将蔗糖分子进一步细分，得到的几部分不再具有蔗糖的性质。换句话说，最小的"糖块"是一个蔗糖分子，比它还小的就不能称之为"蔗糖"了。

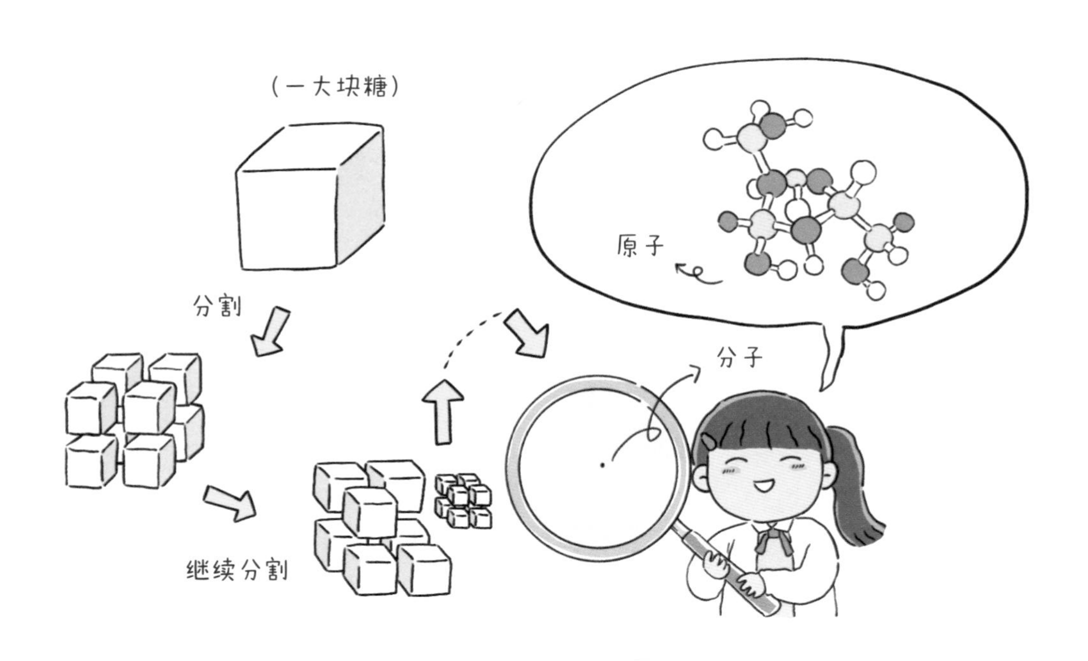

我们常说的“化学反应”或“化学变化”，从宏观上说是有新物质生成的过程；从微观上说是分子被拆成原子、原子重新组合为新分子的过程。

按照这个定义，冰糖磨碎、溶解的过程中没有新分子（物质）生成，不属于化学变化。冰糖在锅里被烧焦的过程有水、二氧化碳与焦炭等新分子（物质）生成，属于化学变化。

走进原子内部

原子是由原子核与电子构成的。

原子核位于原子中心，它由质子与中子构成。质子带 1 个单位的正电荷，中子不带电。原子的质量几乎全部集中在质子与中子上。这两种粒子质量相等，我们定义这个质量为 1 个单位质量。

电子绕原子核高速转动，每个电子带 1 个单位的负电荷。电子非常轻，其质量可忽略不计。原子中电子与质子的数量相等，故整个原子是不带电的。

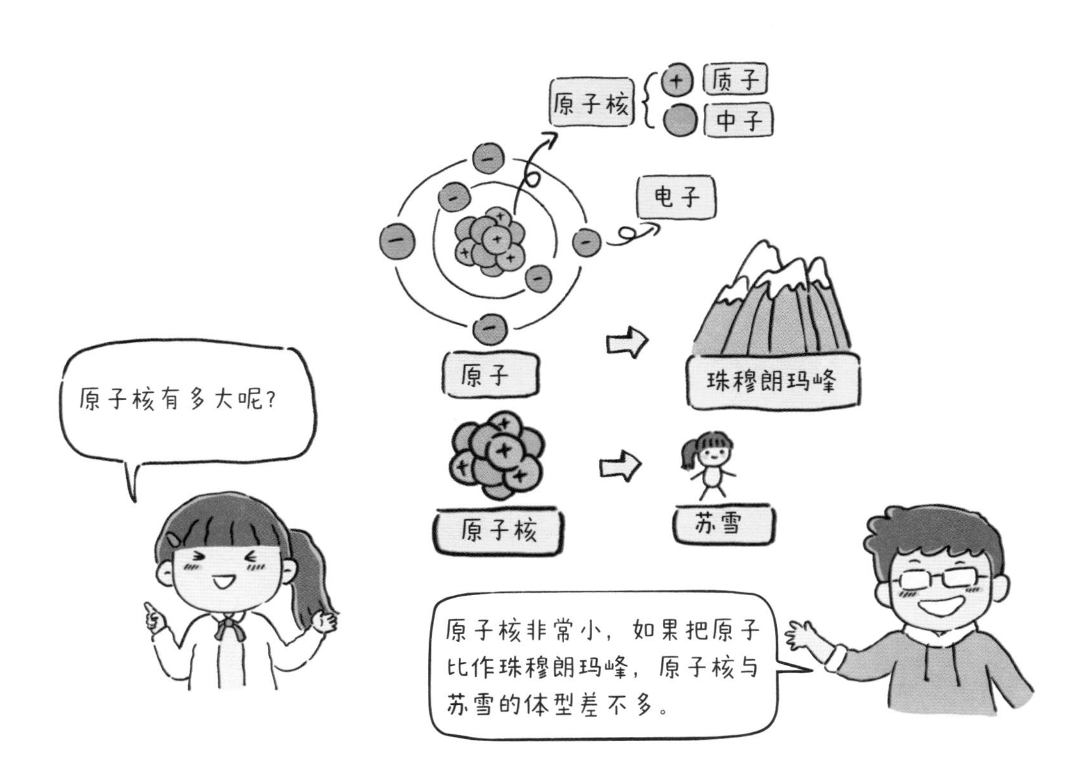

电子在原子核外并不是无组织无纪律地四处游走。大量实验证明，电子只能“居住”在“电子层”中。电子层越靠外，能量越高，能容纳的电子数目也越多。

向电子层中填充电子的时候，先填能量低的内层，内层填满后，再顺次向外填能量高的外层。

我们用三层旋转餐桌表示三个电子层，用盘子表示电子，让苏雪示范如何填充钠原子（Na）、氯原子（Cl）的外层电子。

一起变稳定吧

所有物质都是由原子构成的。由原子构成物质有三种方式：

1. 原子直接构成物质（金属、稀有气体等）。
2. 原子先结合成分子，再由分子构成物质（共价化合物等）。
3. 原子得到或失去电子变成离子，再由离子构成物质（离子化合物）。

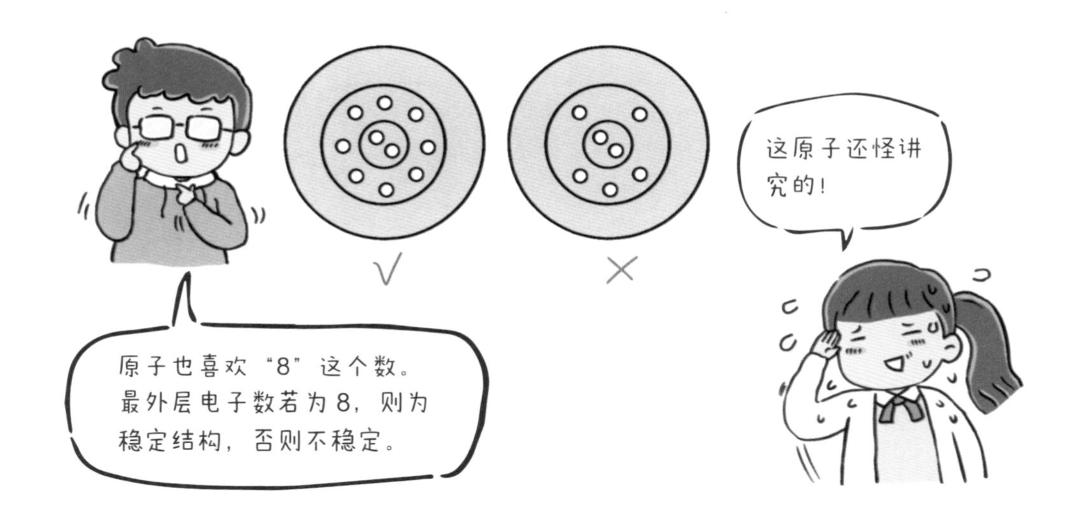

1916年，美国科学家路易斯发现，原子倾向在最外层中具有8个电子。这就是大名鼎鼎的“八隅体规则”。

不过，第1层达到2个电子即为稳定结构，因为它只能填入2个电子。

第一周期的氦（He）最外层为2个电子，其他周期的氖、氩、氪、氙最外层为8个电子。这决定了这些元素的化学性质非常稳定，几乎不会与任何物质发生化学反应。我们称这些元素为惰性气体，也称稀有气体。

稀有气体在氩弧焊、霓虹灯、特种灯泡填充中有应用。多亏了它们的超级惰性，在高温、强电流的极端环境下保护了材料不发生化学反应。

除惰性气体外，其余原子最外层电子数小于8。这些元素的原子则不具有相对稳定性。

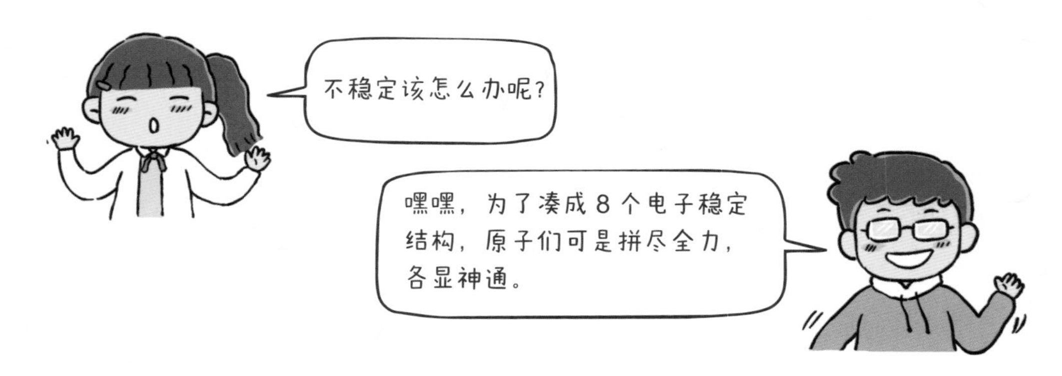

当钠原子（Na）与氯原子（Cl）相遇时，钠原子会失去最外层的1个电子变成钠离子 Na^+。它的次外层变成了最外层，电子数是8。

Na失去的电子交给了Cl，氯原子变成了氯离子 Cl^-，使它的最外层电子数也是8。

像这样，由于得失电子而带电的原子被称为离子。形成离子是满足八隅体规则的方式之一。

周瑜打黄盖！！

像这样靠电子转移形成离子，再由离子形成的物质被称为“离子化合物”。

不过，并不是所有情况都是“一个愿得，一个愿失”。如果两个原子都不愿让出自己的电子，他们就会采用额外的策略。

比如说，氯原子（Cl）最外层是 7 个电子，必须得到 1 个电子才能形成 8 电子稳定结构。当两个氯原子形成物质（Cl_2 分子）时，两个氯原子都不甘心将自己的电子给对方，于是他们各出一个电子凑成一对，这对电子由两个原子共享。在核算最外层电子数时，这对电子同时参与 2 个原子的计算。这样即使电子总数不变，每个原子也满足了 8 电子结构。

让原子（或离子）之间紧密结合的力量称为“化学键”。多亏化学键的帮忙，微观原子才能有序地组织起来，形成各种结构复杂的物质。

含有“键”字的词语有“键盘”、“琴键”、“电键”，它们共同的特点是，在力的作用下，两部分发生相互作用而互相接触。

是的！所以“化学键”一词指代原子或离子之间紧密结合的作用力！

在上述例子中，NaCl 中 Na^+ 与 Cl^- 之间的相互作用被称为“离子键”，Cl_2 中 Cl 原子之间的相互作用被称为“共价键”。金属原子之间还存在“金属键”，这种相互作用更复杂一些。

无论如何，形成化学键都是为了满足“八隅体规则”。稀有气体原子最外层电子数本身就是 8，因此稀有气体一般无法形成化学键。

啊，看起来化学也没有想象中那么难懂。
从明天起你就开始教我学习化学吧！
啊，老妹你确定？学好化学可是要付出相当大的努力哦！

化学金牌大神苏雨，
难道连初中生都教不了？
怎么可能？！

藏在厨房里的化学实验

02

站在巨人的肩膀上

叮咚
小雨回来了呀!

你今晚为啥不去当帮厨?

今天客人不多，老爸先打发我回来了。

有啥新鲜事跟我讲讲?
我们班换了一个男英语老师。
咩嘿嘿 ~~~ 会不会特别凶，然后作业特别多?
苏雨初中班主任

哪有？我们的英语老师特别好。
那你这周的英语作业是什么？

每天背单词20个！
这能叫“不多”吗？

像你这样的英语小白，斗大的单词不识一个，再简单的任务都嫌多。
摊手
既然作业不多，我们化学课就从今晚开始！
嗯

Abandon
Abandon
Abandon
小雪的小屋
喊，几个单词背了一个小时，还说我是英语小白……

哥哥，你咋在我的门口？
猛地开门
啊……我是想，我们开始上课吧。

牛顿说：如果我看得比别人更远，这是因为我站在了巨人的肩膀上。

海量的化学知识堪比一名巨人。初学者若想与巨人交流，继承无穷的知识财富，就必须先掌握巨人的语言。这门“巨人的语言”被称为化学用语。

化学用语包括元素符号、化学式与化学方程式。三者的关系类似于英语学习中字母、单词与句子之间的关系。

学习使用化学用语是学习、记录、交流化学知识的基础。以熟练使用化学用语为目标努力吧！

什么是元素

从字面上说，“元”指天地万物的初始、“素”指基本单元，“元素”一词指最基本的、无法进一步再细分的“基本物质”。

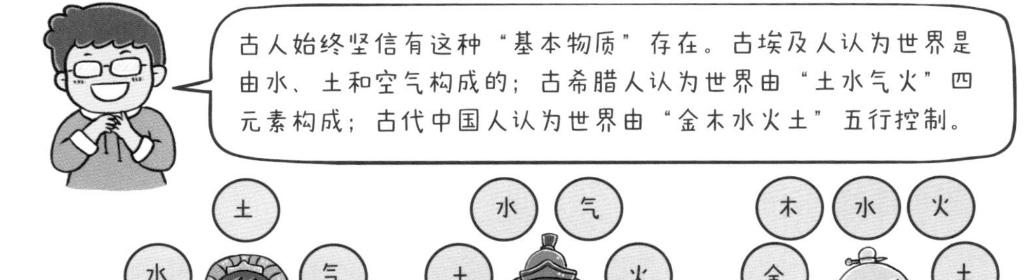

从现代科学的角度，元素指原子核内质子数相同的一类原子的总称。

元素是一类原子的集体，同种元素的每个原子间化学性质可视为完全相同。

元素与原子，类似于“人民”与“个人”，或英文中 people 与 person 之间的关系。其中前者是集体名词，后者是具体的个体。

每个元素都有一个国际通用的元素符号。一般用一个大写字母，或一个大写字母加一个小写字母表示。

1
2
3
4
5
6
7
H
Li
Be
Na
Mg
K
Ca
Sc
Ti
V
Cr
Mn
Rb
Sr
Y
Zr
Nb
Mo
Tc
Cs
Ba
La~Lu
Hf
Ta
W
Re
Ra
Ac~Lr
Rf
Db
Sg
Bh

1869 年，俄国化学家门捷列夫绘制了第一张元素周期表。

如同超市的货架一样，周期表分为几个不同区域，每个区域内的元素结构与性质具有相似性。

尝试用化学式来表示物质吧

物质世界的复杂多彩，并不是因为元素种类很多，而是由于元素之间复杂的组合方式。例如，汽水、白糖、瘦肉、蔬菜中都含有碳元素（C）、氢元素（H）与氧元素（O）。

上一章我们说过，分子是保持物质化学性质的最小单元，而分子是由不同种类、不同数量的原子组成的。

相传门捷列夫小时候喜欢玩扑克，经常牌不离手。父母和老师一看到他玩牌就会非常生气。

门捷列夫成为化学教授后，不仅没有放弃玩扑克这一爱好，而且还把元素符号写在扑克上面。这套“化学扑克”成了他的教具与实验工具。

“元素之间有什么规律呢？”门捷列夫反复琢磨这件事情。

他又拿出化学扑克，这次没有去找牌友，而是自己不断摆弄扑克，调整元素的位置。元素周期表的雏形就诞生于此。

C N O F
Si P S
Se Br
这就是门捷列夫“元素扑克”的故事。我们也可以用元素卡牌的形式表示物质构成
1个硫酸分子（H_2SO_4）中有2个H、1个S和4个O原子。
1个水分子（H_2O）中有2个H和1个O原子。
H H O
S
H
O

世界上有一百多种元素，元素的组合能够组成上亿种物质。好比英文一共有 26 个字母，但字母的组合能构成无数单词。为了更好展示这个关系，苏雨与苏雪将通过元素卡片与数字卡片组合的方式引导我们学习化学式的基本规则：

1．少数由原子直接构成的物质，元素符号就是他们的化学式。

英语课代表
化学课代表
C
Fe
He
碳、铁、氦的单质 *
I am a student !
I
a
* 由 1 种元素构成的纯净物为单质，由 2 种以上元素构成的纯净物被称为化合物
元素符号本身可以作为少数物质的化学式。
有的字母本身可以作为单词使用。

2．绝大多数的化学式用元素符号与数字组合的方式来表示分子中原子种类与数目，或离子化合物中阴阳离子之间的比例。

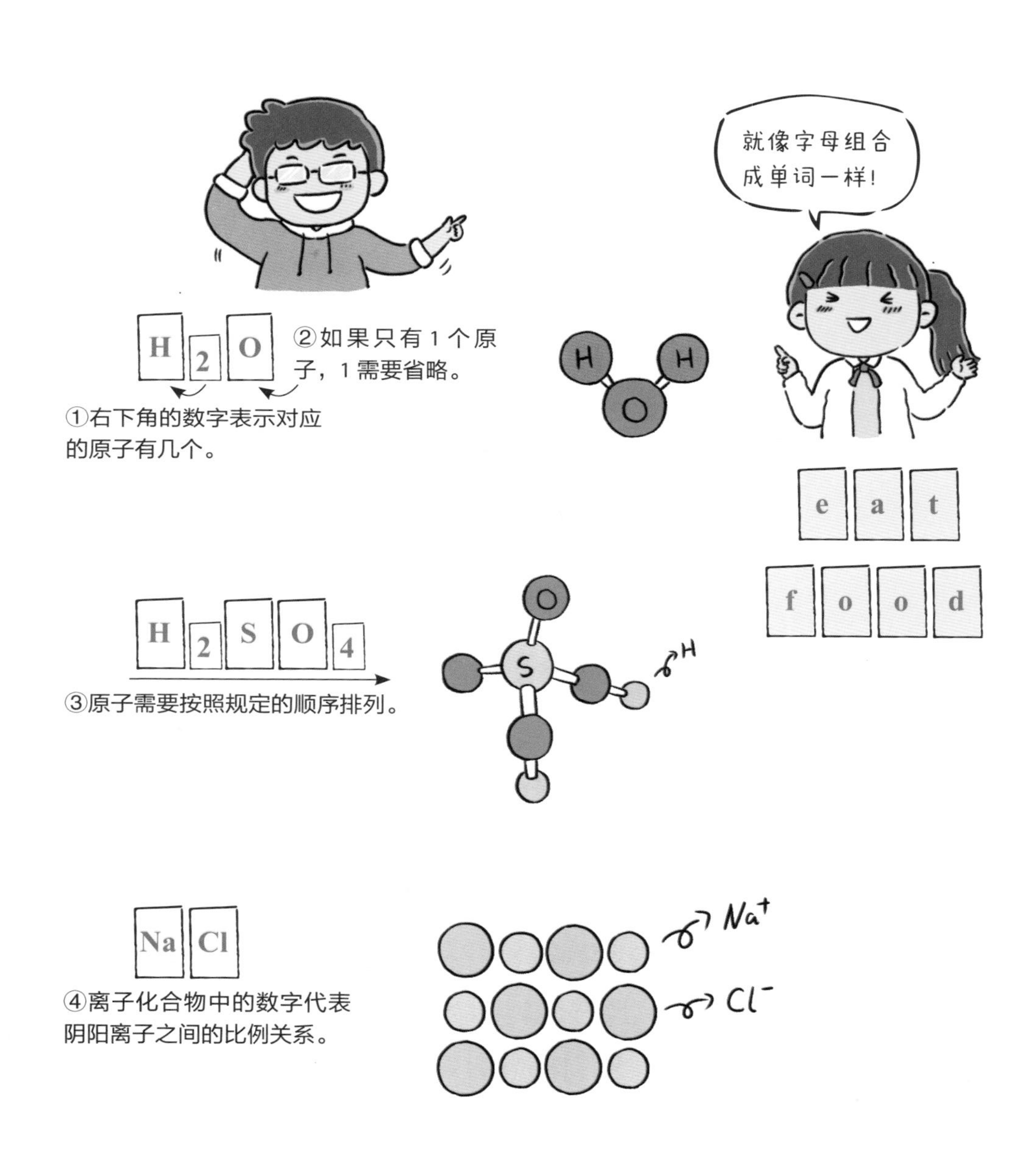

就像字母组合成单词一样！
H 2 O
②如果只有 1 个原子，1 需要省略。
①右下角的数字表示对应的原子有几个。
H
H
O
e a t
f o o d
H 2 S O 4
③原子需要按照规定的顺序排列。
O
S
H
Na Cl
④离子化合物中的数字代表阴阳离子之间的比例关系。
Na⁺
Cl⁻

3．即使内部原子种类与数量都相同，也可能由于原子组合方式的不同造成差异，形成不同的分子。

两种分子不一样
C 2 H 6 O
好比字母相同，排列顺序改变也会改变单词意思。
p e a r
r e a p

• 纯净物与混合物

纯净物是指只由一种成分组成的物质。纯净物的组成固定，且具有固定的化学式。混合物可视为几种纯净物按一定比例混合得到的物质。

• 单质与化合物

由 1 种元素构成的纯净物为单质，由 2 种以上元素构成的纯净物被称为化合物。

哥哥拿菜单
做什么？

化学式的读法可以
与菜名类比。

苏轼酒楼菜单

三文鱼
北极贝

由一种元素构成的物质（单质），直接用元素名称命名，例如：铁（Fe）、铜（Cu）、碳（C）、硫（S）。
单质气体后面可以加一个气字，例如：氢气（H_2）、氧气（O_2）、氦气（He）。

竹笋炒肉丝
番茄炖牛肉
土豆烧排骨

两种元素组成的化合物，我们根据元素组成从右向左读，一般读成“某化某”。例如：氯化钠（NaCl）、氧化铝（Al_2O_3）。
有些容易混淆的化合物，还要读出各元素中原子的数目，例如：二氧化碳（CO_2）、四氧化三铁（Fe_3O_4）等。

地三鲜
佛跳墙
雪山飞狐

很多物质拥有自己独特的名称，例如：水（H_2O）、氨（NH_3）、尿素（$CO(NH_2)_2$）

用化学方程式记录化学反应

原子既不会凭空产生，也不会凭空消失，只能从一种组合方式转化为另一种组合方式。

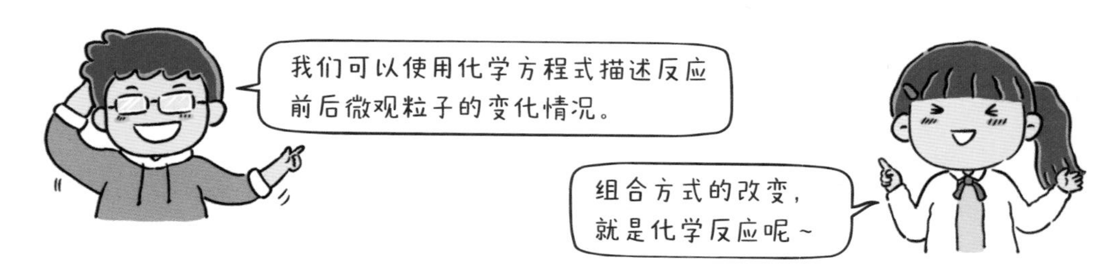

以甲烷（CH_4，天然气的主要成分）燃烧为例，1 个甲烷分子与 2 个氧分子（O_2）反应，生成 1 个二氧化碳分子（CO_2）与 2 个水分子（H_2O）。我们可以用元素卡牌展示这个过程。

这个过程不改变原子的种类和数目，只是由一种组合形式转化为另一种组合形式。

从微观上看，化学反应不改变原子的种类和数目，只是由原子的一种组合形式转化为另一种组合形式。从宏观上看，化学反应前后元素种类与质量不变。这个规律被称为“质量守恒定律”。

化学方程式是“质量守恒定律”的体现。在化学方程式中，我们将反应物(左)与生成物(右)的化学式用长等号连接起来。有些化学反应需要一定外界条件才能发生，这些外界条件一般写在等号的上方。

化学式前的数字表示分子的数目

没有数字默认是1个分子

化学方程式可看作化学式之间的组合，好比单词的组合能够成句子一样。

当然，化学方程式绝不是原子分子随意的排列组合，它拥有自己的构造规律，有点儿像英语的语法。具体的构造规律我们会在后面慢慢学习。

小实验　用元素卡牌表示化学式

实验材料：白色硬纸卡（或空白扑克纸）若干、水彩笔、剪刀

实验步骤：

1. 取白色硬纸卡若干，每张卡牌上用水彩笔写 1 个元素符号，制作成元素卡牌。常用的元素要适当多写几张。
2. 沿长边将硬纸卡对折，并剪成 2 个长条卡片。每张长条卡片下方用水彩笔写 1 个数字（从 2 开始），制作成数字卡牌。常用的数字要适当多写几张。
3. 参照化学式的书写规则，尝试用元素卡牌和数字卡牌拼出厨房中常见物质的化学式吧！

若购买本书配套的卡牌游戏套装，可直接使用套装内的元素卡牌和数字卡牌开启本节内容。快和爸妈、朋友们一起玩玩吧！

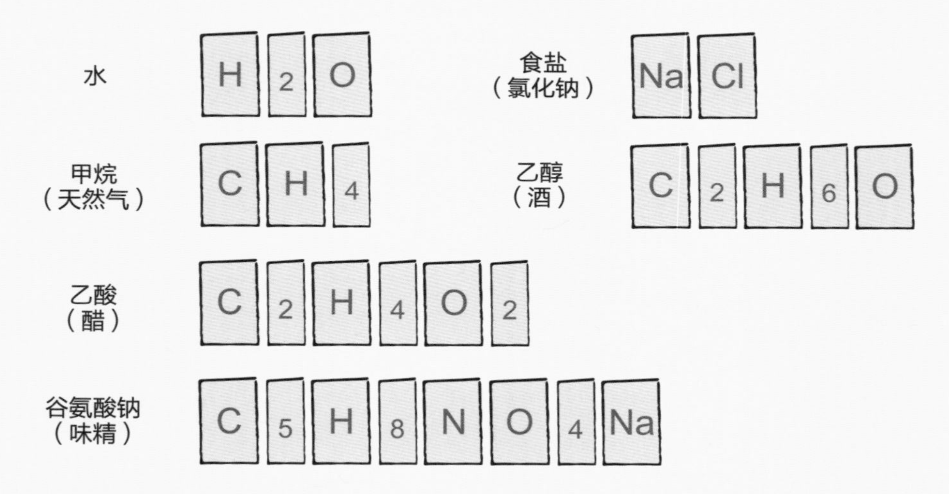

更多物质的化学式：

氨	NH_3	碳酸钙	$CaCO_3$	氯酸钾	$KClO_3$
二氧化碳	CO_2	硫酸	H_2SO_4	硝酸	HNO_3
硫酸铜	$CuSO_4$	碳酸钠	Na_2CO_3	碳酸氢钠	$NaHCO_3$
氯化钙	$CaCl_2$	次氯酸钠	$NaClO$	硝酸铵	NH_4NO_3

小实验　用元素卡牌演示化学反应

实验材料：元素卡牌

实验步骤：

1. 根据化学方程式左侧的反应物，拿出相应种类与数量的元素卡牌表示其中的反应物分子们。
2. 将表示反应物分子的卡牌打乱，注意不要加入新的元素卡牌。
3. 将打乱的元素卡牌重新组合，它们刚好能组合成化学方程式右侧的生成物。

实验原理：化学反应不改变原子的种类和数目，只是由一种组合形式转化为另一种组合形式。

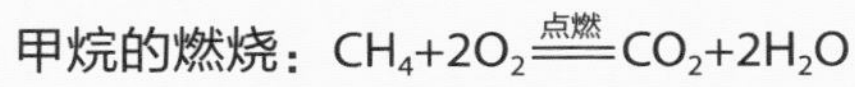

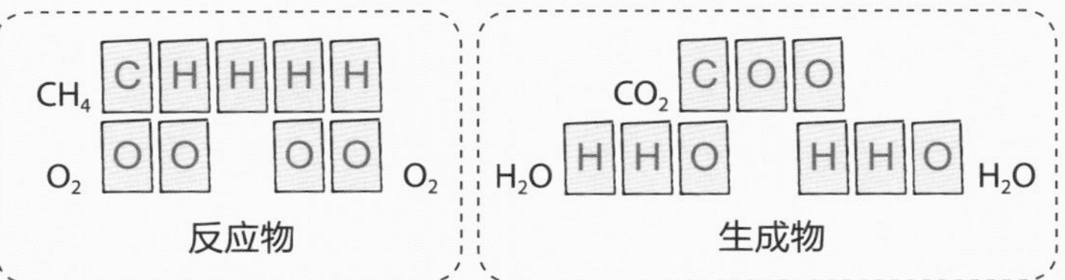

碳酸钙与盐酸反应：$CaCO_3+2HCl = CaCl_2+CO_2+H_2O$

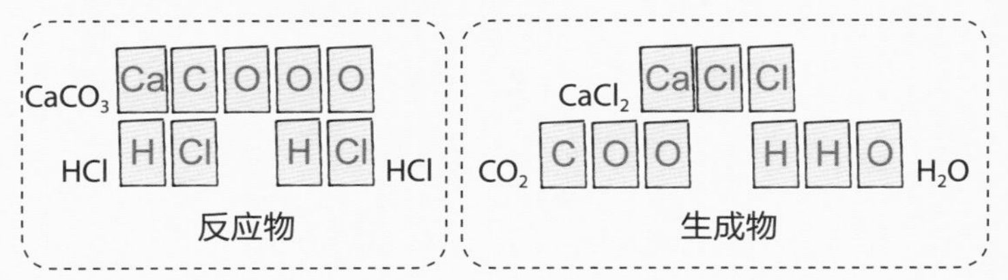

更多化学反应：

1. 氯酸钾受热分解：$2KClO_3 \xlongequal{MnO_2,\triangle} 2KCl+3O_2$
2. 甲烷与水蒸气反应：$CH_4+H_2O \xlongequal{\triangle} 3H_2+CO$
3. 氢氧化钠吸收二氧化碳：$2NaOH+CO_2 = Na_2CO_3+H_2O$
4. 一氧化碳还原氧化铁：$3CO+Fe_2O_3 \xlongequal{\triangle} 2Fe+3CO_2$

始点
市地区
（郊区）
终点
水产
市场

03

没有人在乎的空气

水产市场的奇妙之旅

周日早上妈妈叽叽喳喳，跟谁聊天呢？
怎么大早上的都不消停？
亲爱的发生什么了？
真是糟糕！

给我们送鱼的小张今天生病了。
我们必须亲自上水产市场，把鱼拉回来。

你们谁跟我一起去呢？

我要照看厨房。
我……
我要写作业。

苏雨
我……我还能说什么呢？

至于那么
早吗？
海鲜市场必须要去
得早，早上的鱼又
大又新鲜，这道理
懂不懂？

本市地区
始点
(郊区)
终点
水产
市场
水产市场
那么远！
那可不嘛！让
你体验一下，
母亲平常工作
的辛苦。

平常不都是小张
送的吗？

你这孩子，
怎么那么能
抬杠呢？

水产市场
这鱼叫螺蛳
青，这是朱
砂鲤。
鱼的名字都那么
文艺了？

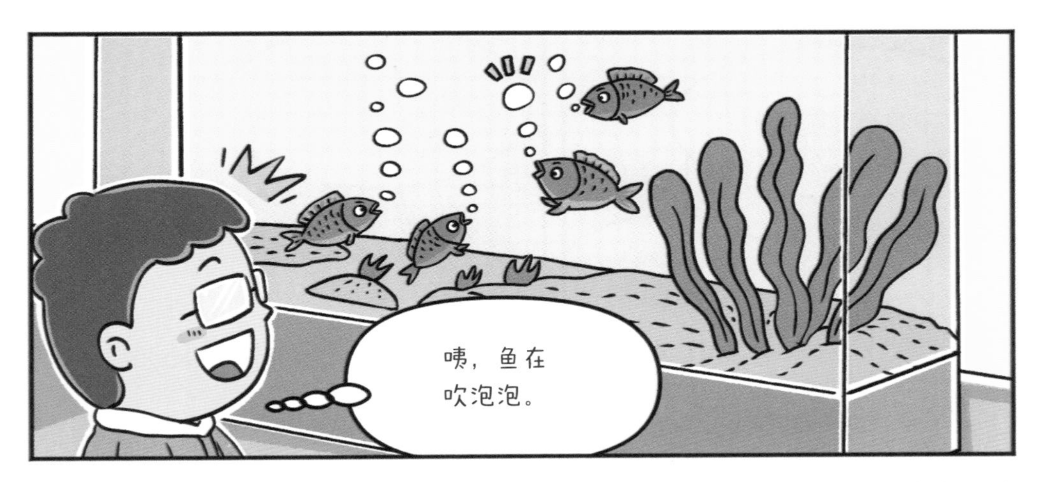

我们平时很少注意空气，但水中冒出的气泡提醒我们，空气的确占据着空间与体积。

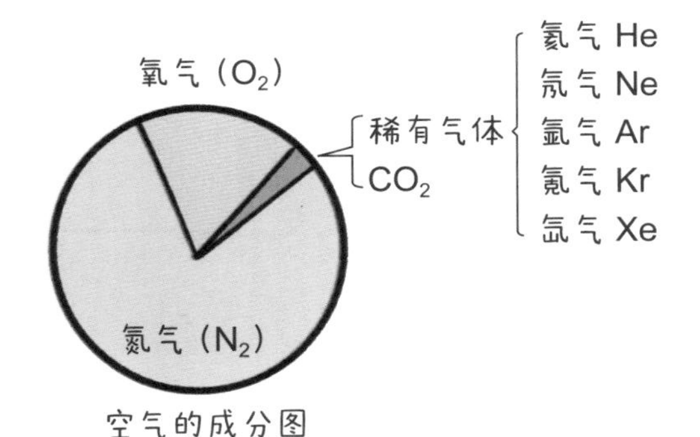

空气的成分图

空气并不是纯净物，而是78%氮气（N_2）、21%氧气（O_2）与1%稀有气体的混合物。除此之外，还有少量水蒸气与二氧化碳（CO_2）。

动植物呼吸都需要氧气参与，鱼类也依赖水中溶解的少量氧气。在常温下，1 L水中大约能溶解30 mL氧气。

除了直接通入氧气，水产运输中也经常使用化学药剂产氧。

灌水之前，小李在运鱼水箱撒入的白色粉末是过氧化钙（CaO_2）。过氧化钙能够缓慢与水反应产生氧气，使水箱中保持较高的含氧量。

制氧的方程式为：

$$2CaO_2 + 2H_2O = 2Ca(OH)_2 + O_2\uparrow$$

不开火也能吃的火锅

英姐，最近饭店生意怎么样？
托您的福，生意还算可以的。

这位是化学金牌大神苏雨吧？

老板，您过誉了！
我这么有名吗？哈哈哈……

找时间让贵公子给我家闺女讲一下学习方法。
……

对了，英姐和苏雨还没吃早餐吧。
叔叔，使不得
竟然这么见钱眼开！
苏雨快上小卖部去买点吃的……

苏雨，你去小卖
部买点好吃的。

天黑乌鸦叫，
红票变黄票。
20 块钱能买
到啥好吃的？
小卖部

咦！
竟然有自热
火锅哎！
自热
火锅

妈！早饭来啦！

自热火锅分上下两层，上层放汤汁肉菜，下层放发热包。

发热包中主要含有铝、镁等金属粉末，辅以活性炭、氧化钙和一些盐类。

发热包浸入水后，在复杂的催化作用下，铝、镁与空气中的氧气反应放出大量的热，将水煮沸。

反应方程式可简单认为：

$$4Al+3O_2 = 2Al_2O_3 \qquad 2Mg+O_2 = 2MgO$$

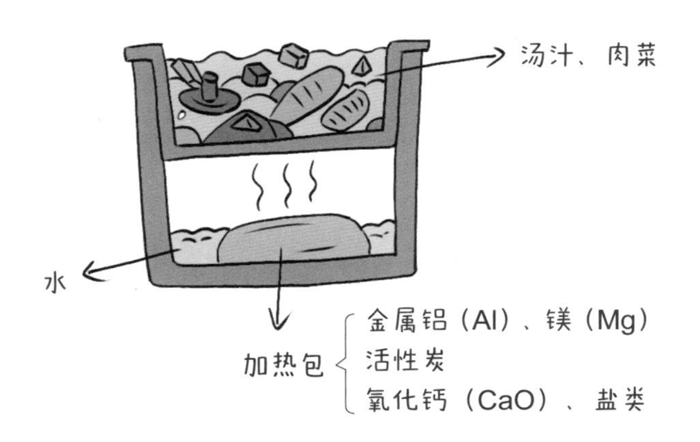

“暖宝宝”的发热原理与自热火锅类似。只不过金属由镁、铝换成了铁粉（Fe）与氧气反应。

反应方程式可简单认为：$4Fe+3O_2 == 2Fe_2O_3$

铁的反应活性不如镁和铝，反应速度会慢得多。

慢速的氧化反应使“暖宝宝”的温度不会达到很高，还能使发热时间更加长久。

暖宝宝

密封包装食物中的小袋脱氧剂中装的也是铁粉。利用铁与氧气的反应除掉包装袋内的氧气，防止食物被氧化变质。

食物中的脱氧剂

大部分金属都能与 O_2 发生反应，生成对应的氧化物。不过，金属的反应速度之间彼此差异很大。

金属的活性顺序大概是这样：

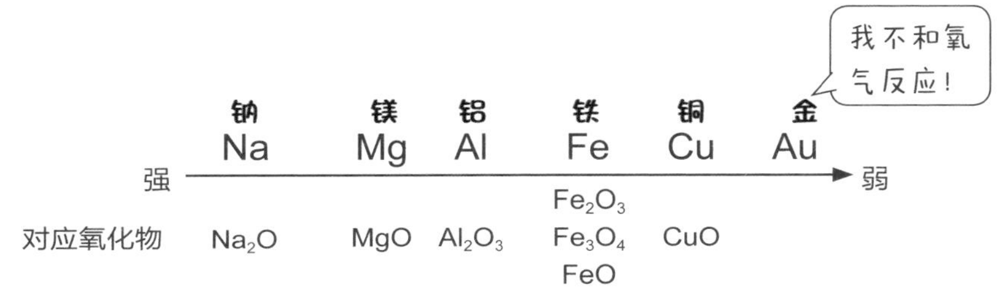

* 这里的 M表示金属元素。

氧化物的化学式为什么相差那么多呢？

氧化物中，金属与氧的比例与元素的化合价有关。化合价越高，每个金属原子能结合的氧就越多。

化合价写在元素头顶

$$\overset{+1}{Na_2}\overset{-2}{O} \quad \overset{+2}{Mg}\overset{-2}{O} \quad \overset{+3}{Al_2}\overset{-2}{O_3}$$

金属与氧形成化合物时，氧的化合价为“−2”，金属的化合价为正。正化合价意味着形成带正电的阳离子，或与其他元素结合后略显正电性。

有些元素拥有多种化合价。这些化合价甚至可以出现在同一物质中。

化学式中，所有原子化合价之和为“0”。

$$\overset{+3}{Fe_2}\overset{-2}{O_3} \quad \overset{+2}{Fe}\overset{-2}{O} \quad Fe_3\overset{-2}{O_4}$$

三个 Fe 化合价分别是 +2、+3、+3

上一章讲过，化学反应的构造规律像英语语法中的“句型”。不过，想用好“句型”并不容易，因为填入的词语不能随心所欲，而必须符合相应的类别限制。

我们可以用拉霸机演示使用“句型”造句的过程：

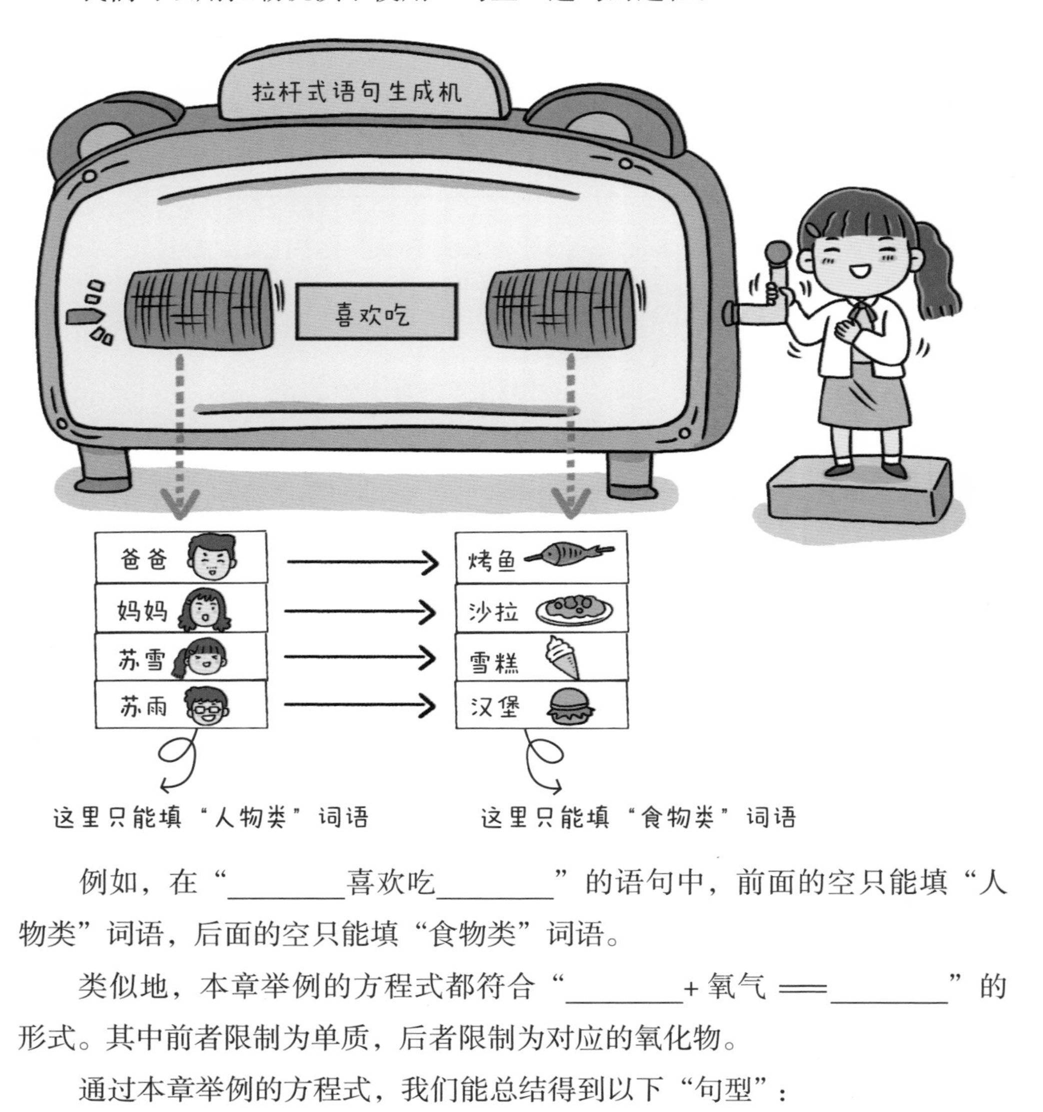

例如，在“________喜欢吃________”的语句中，前面的空只能填“人物类”词语，后面的空只能填“食物类”词语。

类似地，本章举例的方程式都符合“________+氧气 ══ ________”的形式。其中前者限制为单质，后者限制为对应的氧化物。

通过本章举例的方程式，我们能总结得到以下“句型”：

单质 + O_2 ══ 氧化物

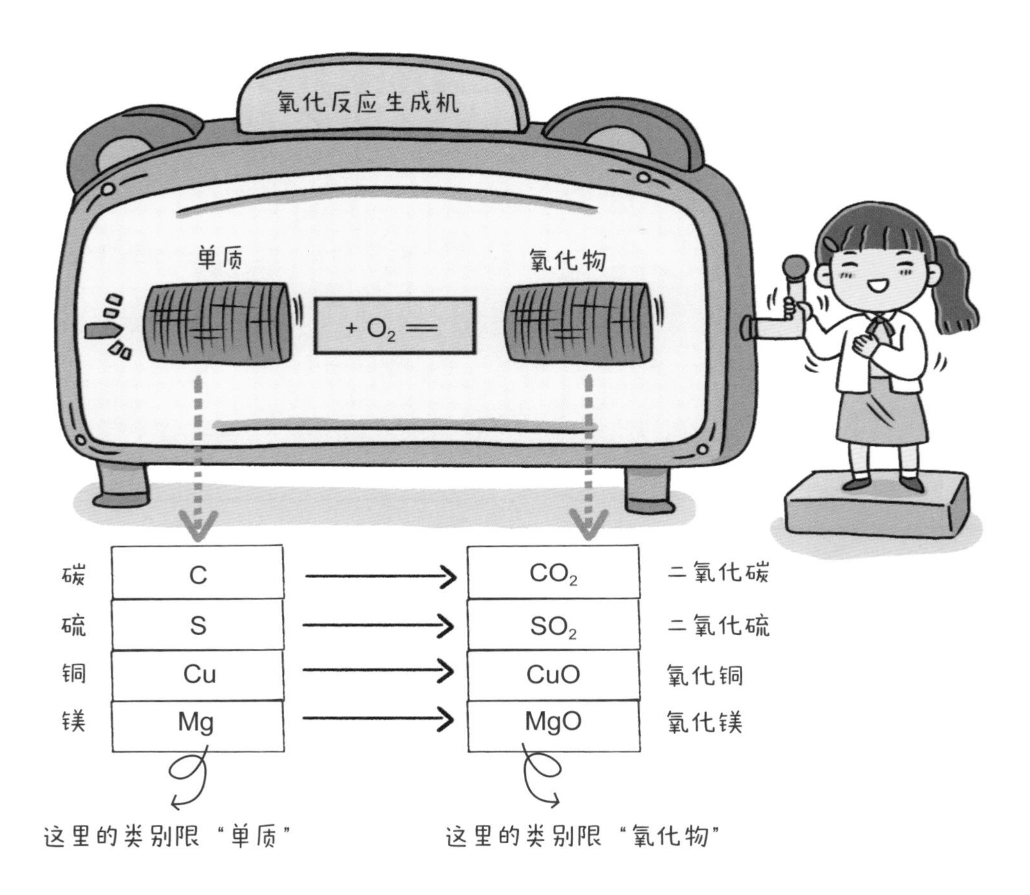

这种“句型”被称为类别通性。未来我们将涉及更多“类别通性”，我们也会用拉霸机的形式表示。类别通性具有预测功能，也就是说，即使遇到你不认识的单质，大概率也能发生类似的反应，生成相应的氧化物。

油锅着火了

鱼来了！
苏轼酒楼

老婆辛苦了！我们中午吃鱼火锅吧！
哼！苏雨刚刚狂吃了一顿火锅，看他怎么吃得下。
糟了，怎么又是火锅！

不行，我得想个办法。
老爸，我们换个吃法，咱吃爆炒鱼片吧。

老爸的爆炒功夫要是称第二
天下没人敢称第一
小小年纪就会拍马屁，这样下去还得了。

要是说你老爸的爆炒手艺，真是十年如一日，功夫不是盖的……
对对对
……
嘁，儿子夸你两句，就得意成这样？

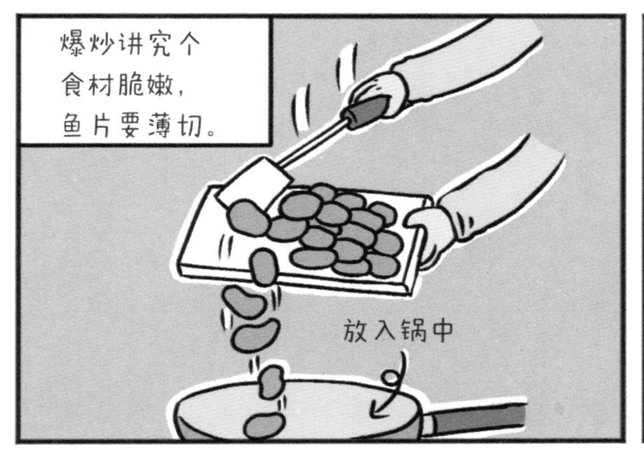
爆炒讲究个
食材脆嫩，
鱼片要薄切。
放入锅中

油锅烧热，锅
中放葱、蒜、
辣椒爆炒。
葱
辣椒
蒜

旺火爆炒，
时间绝不能
超过30秒。

颠
啊，油锅
起火了。
妹妹，你
先别动。

噔噔噔噔！
爆炒鱼片
好了。
哗！

刚才好
惊险。
好吃~~
胆子这么小，
以后怎么当
厨师？

爆炒是中式菜肴中特有的烹饪技巧，它要求油锅温度尽量高、烹饪时间尽量短。这样食材才能够脆嫩。电视广告中经常出现爆炒过程中油锅燃烧的情景，场面十分壮观。

什么是燃烧呢？我们定义，燃烧是发光、发热的剧烈化学反应。

燃烧必须满足三个要素：可燃物、助燃物（一般是氧气）、温度达到着火点以上。三者缺一不可。

油属于可燃物，当颠勺的一瞬间，挥发的油与空气中的氧气充分混合，一旦温度达到油的着火点以上，油就会燃烧，产生剧烈的火焰。许多中餐厨师以“油锅能起火”为荣。这说明油锅已经达到了较高的温度，符合爆炒的要求。

不过，“能起火”的爆炒毕竟是专业厨师的技术活，在居家烹饪中我们还是要避免锅中着火。

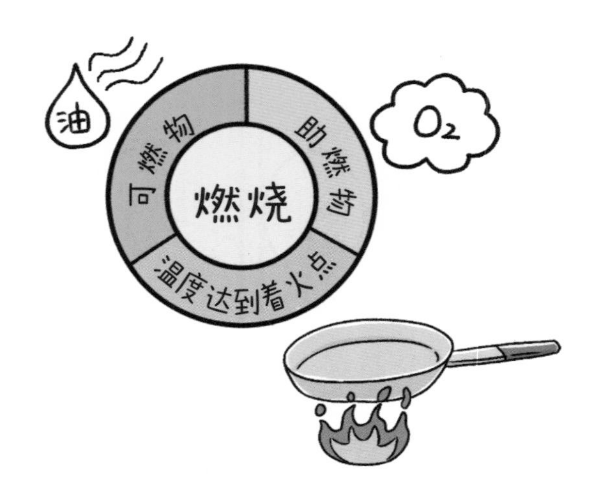

控制得当的燃烧为人类带来了温暖与光明，不受控制的燃烧则会转化为火灾。如果要灭火，也得从“燃烧三要素”着手：

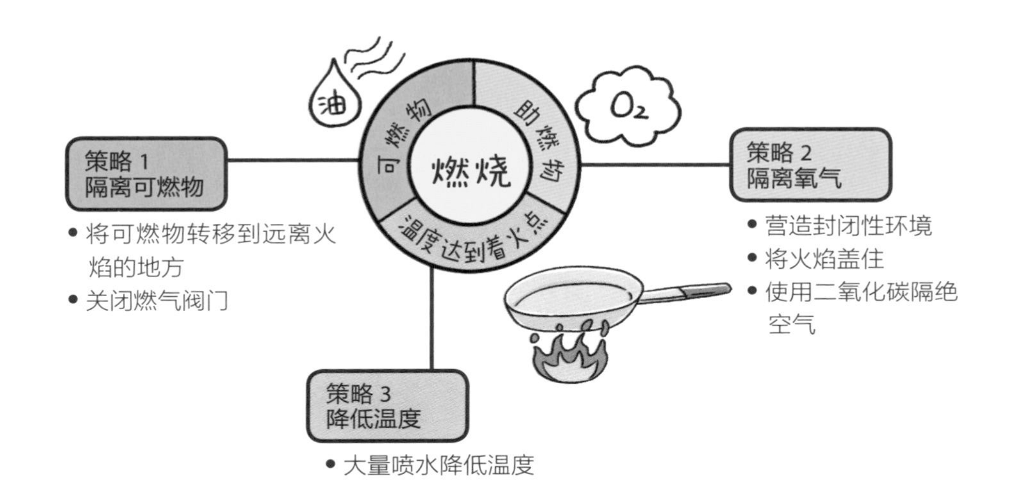

在家做饭时，若锅中真的着了火，该怎么灭火呢？

油比水更轻，浇水只会使油浮在水上继续燃烧。如果油锅的温度较高，倒入的水还会剧烈沸腾、四处迸溅，甚至发生爆炸。

正确的做法是立刻盖上锅盖、关闭燃气阀。隔绝了空气，火焰自然就熄灭了。

值得注意的是，熄灭后的油锅仍然保持着高温，此时打开锅盖接触氧气有复燃的危险。必须等油锅冷却到着火点以下才能打开锅盖。

很多物质与氧气反应时没有火焰，反应现象也不像燃烧那么激烈。这类反应被称为缓慢氧化。

之前提到的“自热火锅”与“暖宝宝”都利用了缓慢氧化原理。

很多食物在空气中也会被缓慢氧化。例如：削了皮的土豆表面会变黑；香蕉时间长会出现黑斑。这些都与缓慢氧化产生的色素有关。缓慢氧化是食材变质的原因之一。做菜时，土豆、莲藕、茄子等食材切好后一般浸泡在水中备用，以防食材与空气接触而氧化变色。

包装食品也要考虑隔绝氧气的问题，主要措施有：真空包装、惰性气体填充或加入脱氧剂。需要长时间保存的食品还需要加入抗氧化剂（比如维生素 C、维生素 E 等）。

偷偷喝可乐

制氧机中加入的两种粉末是过碳酸钠和二氧化锰（MnO_2）。过碳酸钠溶解后能产生过氧化氢（H_2O_2），过氧化氢分解产生氧气。

化学方程式为：$2H_2O_2 \xlongequal{MnO_2} 2H_2O+O_2$

O2
H2O2
MnO2
二氧化锰好像没有参与反应，为什么必须要加呢？
这个问题问得好，这里涉及“催化剂”的概念。

苏雪你先跟我来，我发现仓库架子上有个秘密。
哎，仓库里能有什么啊？

苏雪你看架子顶上！
哈哈哈！可乐哎！老妈竟然把可乐藏在这儿！

可是我够不到。

哥哥……

骨肉情深，血浓于水，大恩不言谢，又何足挂齿。
我说什么了吗？

催化剂是这样一类物质，它能显著提高化学反应进行的速度，使本来很难进行的反应变得容易。

一个化学反应可能存在多种催化剂。例如，二氧化锰、氯化铁，甚至新鲜的猪肝、土豆都能作为催化剂催化过氧化氢的分解。

猪肝具有催化效果是因为肝脏内含有的一种特殊物质——过氧化氢酶。酶是一类高效的生物催化剂，商品中宣传的“酵素”实际上是日语中对“酶”的翻译。

从总体上看，催化剂的质量与化学性质在化学反应前后没有发生变化。但是，催化剂的确又参与了化学反应，只是催化剂在参与反应的同时，又有反应重新生成了等量的催化剂，使它整体上“好像”没有参与反应一样。

催化剂
反应物1
催化剂先和
反应物结合
中间产物
反应物2
中间产物
中间产物重新
转化为催化剂
终产物
和我没有关系。
苏雪怎么拿
到的可乐？

小实验　**熄灭的蜡烛**

实验用品

大罐头瓶（或大玻璃杯）、小蜡烛、火柴。

实验方法

将小蜡烛点燃，将大罐头瓶倒扣在燃烧的蜡烛上。一段时间后，可观察到小蜡烛的火焰熄灭了。

实验原理

蜡烛燃烧需要氧气，蜡烛消耗尽罐头瓶中的氧气后，剩余气体（主要成分为氮气）不再支持燃烧。

小实验　**食品“催化剂”**

实验用品

医用双氧水、新鲜的生猪肝（或生土豆）、透明小容器。

实验方法

1. 在透明小容器中加入少量切碎的生猪肝（或生土豆），注入医用双氧水将其浸没。
2. 将生猪肝（或生土豆）换成煮熟的猪肝（或土豆），重复上面的实验。
3. 可观察到生猪肝（或生土豆）能使医用双氧水产生气泡，而熟猪肝（或熟土豆）不可以。

实验原理

医用双氧水中含有过氧化氢，新鲜的猪肝、土豆中含有过氧化氢酶，能催化过氧化氢分解产生氧气。高温下过氧化氢酶被破坏失活，因此煮熟的猪肝、土豆无法催化反应。

04

生活中的酸与碱

向 A 级的卫生标准努力吧

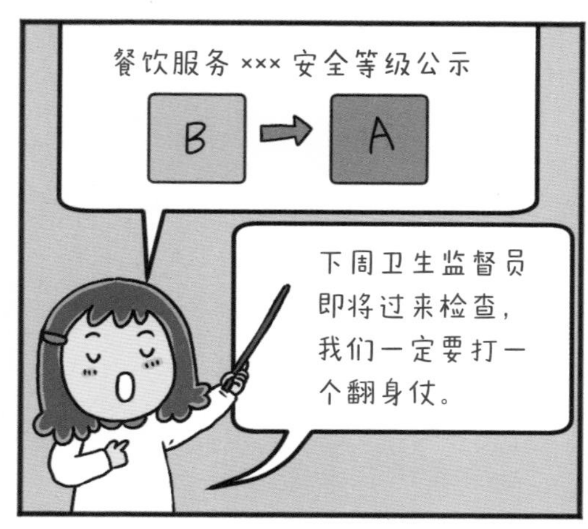

咋都无精打采的？对我的决定不满意吗？
哪敢？哪敢！

那我们就各司其职，拜托大家咯！
任务清单
妈妈：监督
爸爸：清理厕所
苏雪：洗厨师袍
苏雨：擦油烟机

竟然要我这个高级大厨打扫厕所？
哥，“监督”是什么活儿？
别问，再问妈妈就派你跟爸爸一起扫厕所。

第二天
昨晚看书不知不觉到了深夜。
好困啊……
铃铃~~~

本来想睡个回笼觉，结果非得爬起来，擦洗什么油烟机。

妹妹居然起床了，真是太阳打西边出来了。
Hi！
晾衣服

咱妈去哪里了？
妈天一亮就出门了。你还是关心下老爸吧。
老爸在厕所折腾很久了。

WC
奇了怪了，怎么就是刷不干净？

气死我了，清洁剂都要用光了，污渍还是纹丝不动。
爸，你用的是哪种清洁剂？
厨房清洁剂

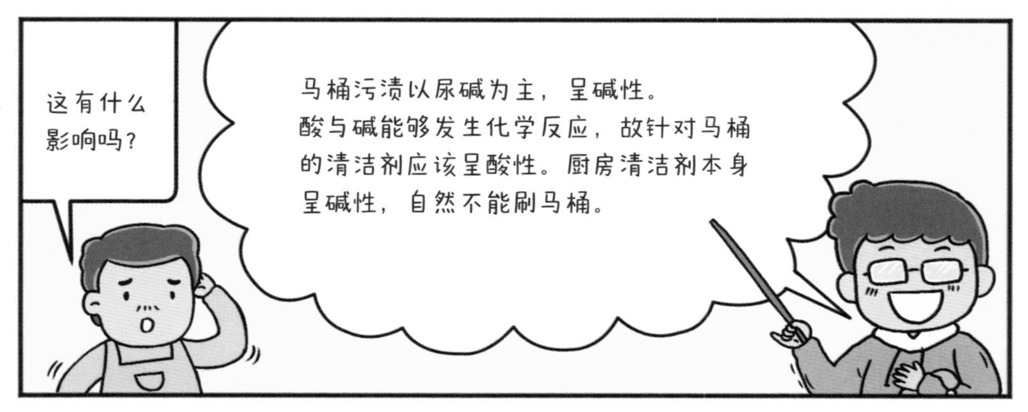
这有什么影响吗？
马桶污渍以尿碱为主，呈碱性。酸与碱能够发生化学反应，故针对马桶的清洁剂应该呈酸性。厨房清洁剂本身呈碱性，自然不能刷马桶。

用这个刷，可以了。
厕所清洁剂
不懂化学，
结果白忙
活一早上。

耕了老爸的田。
却荒了自己的
地……油烟机
还没擦呢。

清洁剂用光了
厨房清洁剂

爸，你竟然一
整瓶清洁剂都
浪费了！！！
嘿嘿嘿，
不好意思。

报告，老妈电话指
示，一小时后回家
检查卫生。
我赶紧上
超市买。
来不及了！被老妈发现
没干完就糟了！

老妹，快把厨房的碱面拿出来。
碱面

擦～～～

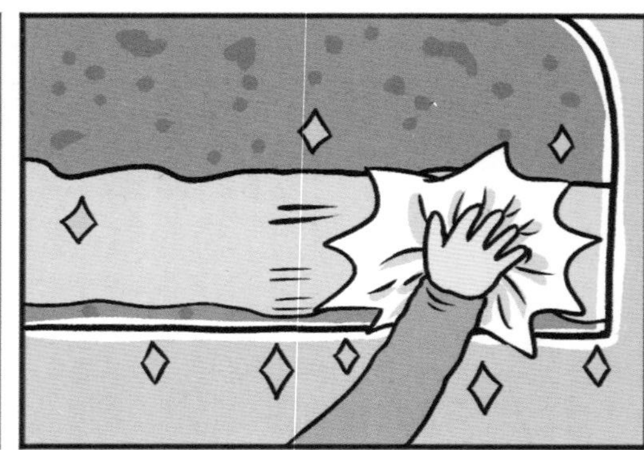

果然很有用呢！
干净了！

厨房的污渍主要成分是油脂，油脂能与碱性物质反应而被洗去。

碱面也称纯碱，学名碳酸钠（Na_2CO_3），溶液显碱性，常用于馒头、面包的制作。浓热的纯碱溶液可以用于油烟机的清洗。洗碗机也能通过热的纯碱溶液反复冲刷达到去除油污的效果。

酸碱性的区分在生活中很常见。从古代开始，人们就知道“酸性物质”尝起来具有酸味，而“碱性物质”能够中和酸味。

实际上，大多数碱性溶液本身具有苦味，强碱性溶液还会有强烈的灼辣感（请务必不要尝试）。曾有不法商贩将强碱“氢氧化钠（NaOH）”用于制作“变态辣鸡翅”或麻辣火锅底料。

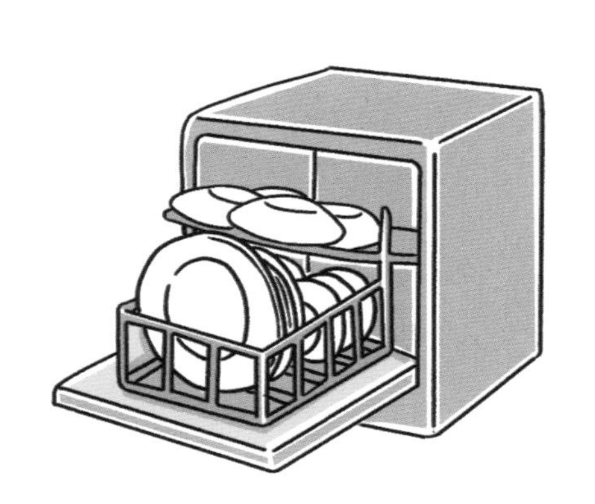

俗话说“道高一尺，魔高一丈”分析化学的发展使非法添加剂检测更加快速便捷，非法添加的现象也比10年前少得多了。

在化学的定义中，“酸”和“碱”是两种类别的物质。值得注意的是，酸性物质不一定都属于“酸”这个物质类别，酸只是酸性物质中的典型代表之一，碱也是同理。

“四喜丸子”仅指这道菜本身，也是“四喜丸子套餐”中的代表菜。其余的配菜本身并不是四喜丸子，但也属于“四喜丸子套餐”。

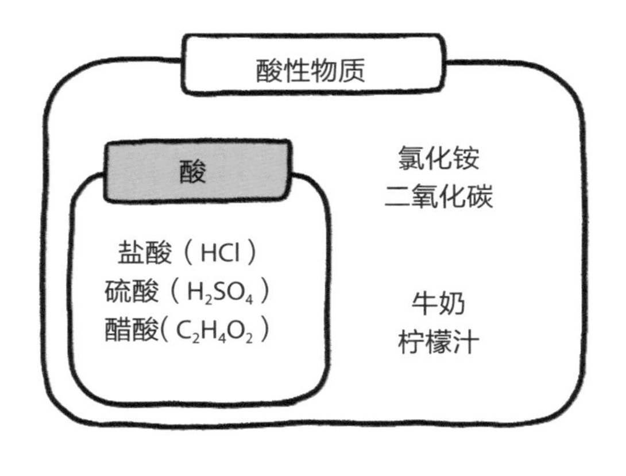

与之类似，酸是指一类化学物质，需要满足一定的元素组成要求（溶于水后阳离子全部是 H^+），是“酸性物质”的代表。

而酸性物质是更广义的概念，除了酸以外，它还包括一部分分类不属于酸的物质，例如二氧化碳（CO_2）。

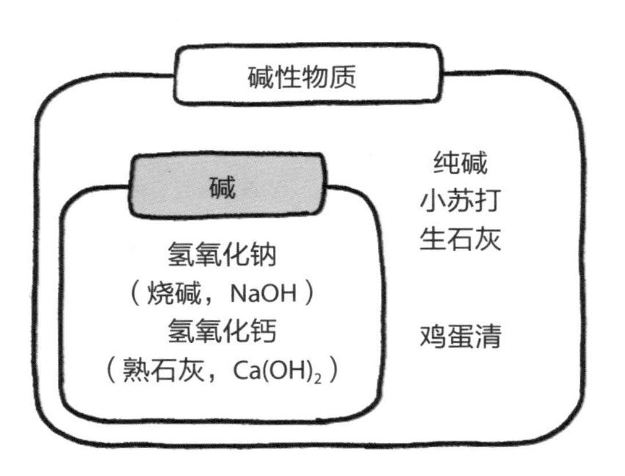

碱是指另一类化学物质，也需要满足一定的元素组成要求（溶于水后阴离子全部是 OH^-），是“碱性物质”的代表。

而碱性物质的范围更宽广。之前所讲的碱面（Na_2CO_3）、厨房里用的小苏打（碳酸氢钠 $NaHCO_3$）不是碱，但也属于碱性物质。

酸性物质的溶液 pH<7
碱性物质的溶液 pH>7

与生物研究类似，我们会基于物质的元素组成、结构、化学性质将物质分类。同一类别的物质所具有的共有性质叫做“类别通性”。基于类别通性研究化学反应是学习化学的好方法。

除了“酸碱盐”以外，上一章讲的“单质”“氧化物”也属于物质的分类。

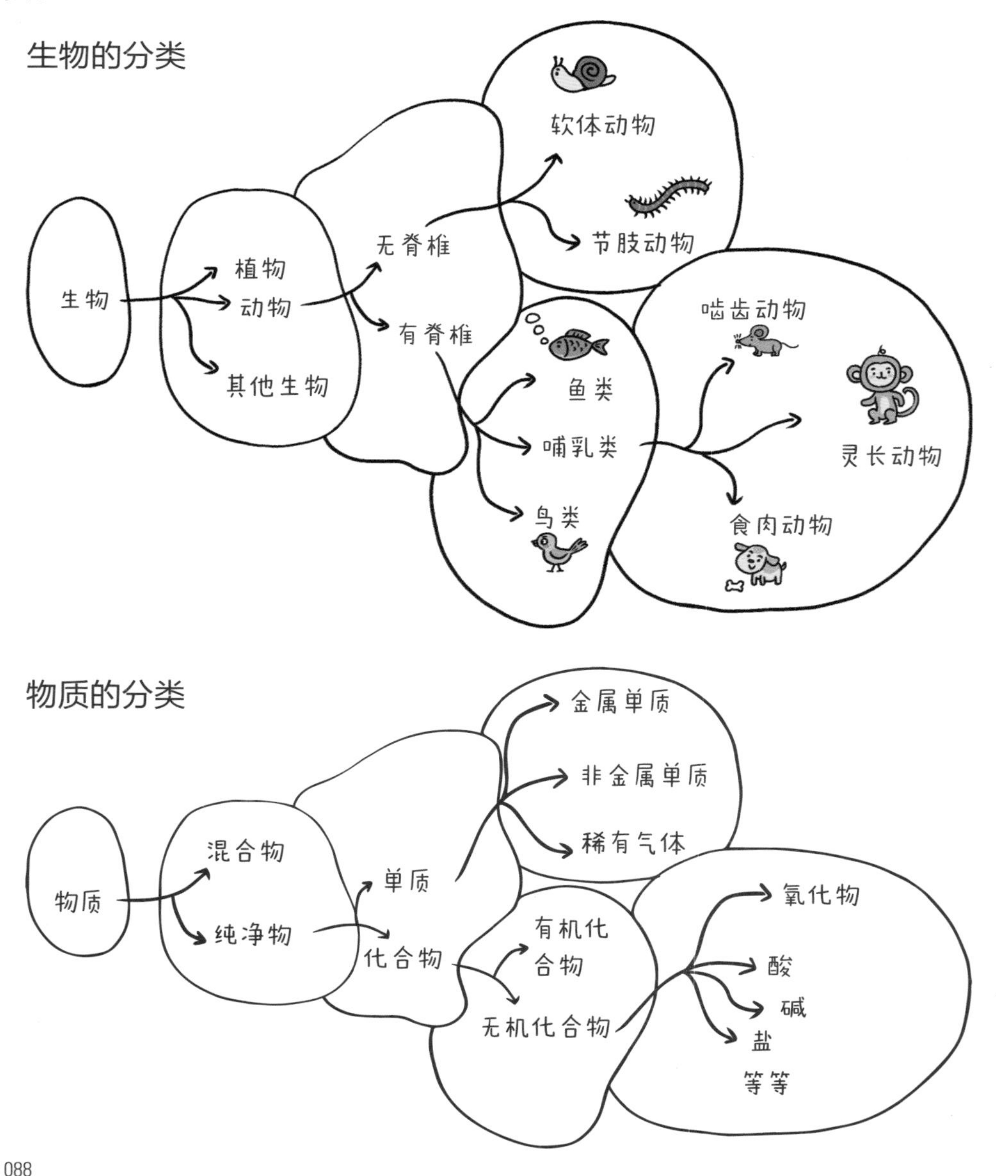

常见的酸：
盐酸：$HCl = H^+ + Cl^-$
硫酸：$H_2SO_4 = 2H^+ + SO_4^{2-}$
醋酸：$CH_3COOH \rightleftharpoons H^+ + CH_3COO^-$
常见的碱：
氢氧化钠：$NaOH = Na^+ + OH^-$
氢氧化钙：$Ca(OH)_2 = Ca^{2+} + 2OH^-$

溶液中的酸碱都是阴、阳离子构成的。

酸的阳离子必须是 H^+，阴离子被称为“酸根离子”。

碱的阴离子必须是 OH^-，阳离子是金属离子。

酸根离子可以是简单阴离子，也可以是几个原子构成的复合阴离子——原子团。例如，盐酸（HCl）、硫酸（H_2SO_4）、硝酸（HNO_3）的阴离子分别是氯离子（Cl^-）、硫酸根离子（SO_4^{2-}）、硝酸根（NO_3^-）离子，其中前者为“简单离子”，后两者为“原子团”。

酸与碱能发生中和反应。

发生中和反应时，酸中的 H^+ 与碱中的 OH^- 结合成水（H_2O），与此同时，酸根离子与碱的阳离子结合，这类物质被称为盐。

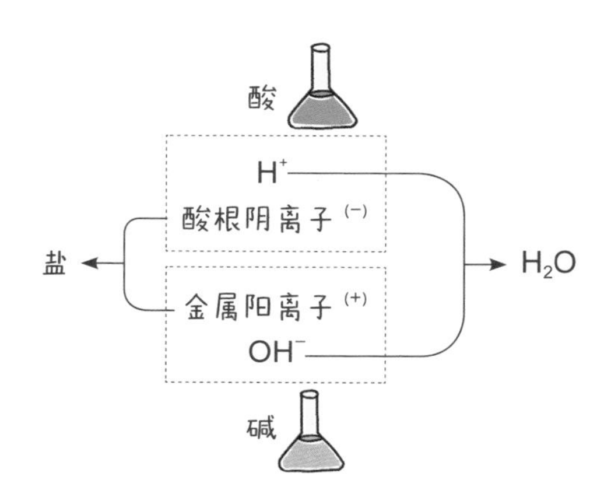

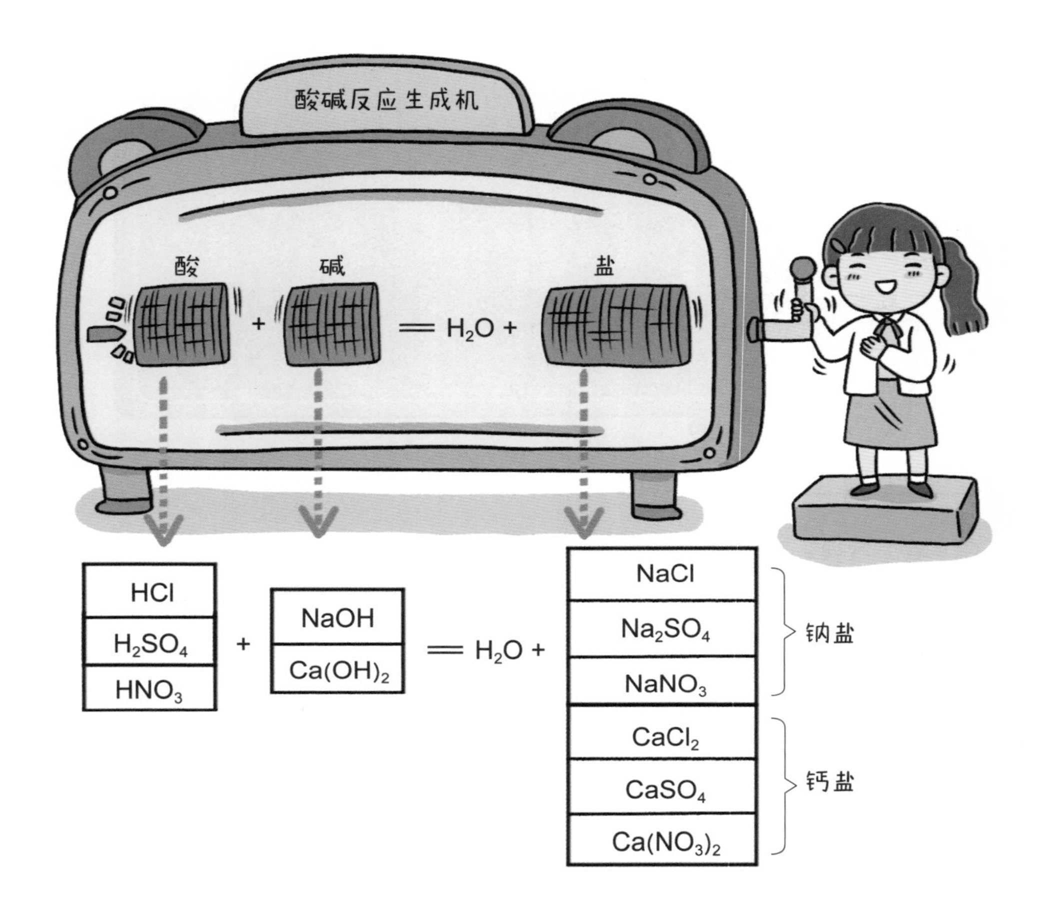

含有酸根离子的盐一般称为“某酸某”，例如硫酸铜（$CuSO_4$）、碳酸钠（Na_2CO_3）。

很多药物的名字都以“盐酸、硫酸或硝酸”开头，说明这些药物属于“盐”，其中含有对应的酸根离子，而不意味着含有危险的强酸。

盐酸二甲双胍
硫酸氢氯吡格雷

盐酸
硫酸
这两种药分别含Cl^-与SO_4^{2-}
这两种药分别含有 Cl^- 与 SO_4^{2-}，不含“盐酸”和“硫酸”

哦，我大概理解了。不过，你刚才说的 pH 是怎么回事呢？
哦，pH 是……
哨!哨!哨!

老妈回来检查了。
快把扫除工具收起来！

卫生监督量化表

监督大人回来了啊~

哼，看这爷仨一脸谄媚，打扫卫生是糊弄无疑了！

你们以为监督这个活，这么简单？
我要根据卫生监督量化表，排查是否合规，检查你们的工作只是一小部分。
卫生监督量化表
项目
得分

监督员会根据量表打分，
相加得到总分，最后为我们饭店重新定级。

如果获得D级的话……哼哼哼，饭店就要关门整改！
A级
>85分
B级
70-85分
C级
60-70分
D级
<60分

卫生监督部门使用了定性－定量相结合的方式对饭店进行评价——用数字表示的得分属于“定量描述”，用 ABCD 表示的级别属于“定性描述”。
定量描述更准确，而定性描述更符合直观感受。
生活中也有很多定性描述与定量描述。

这些例子中，苏雨在使用定量描述，苏雪在使用定性描述：

天气好冷啊
今天气温是 −10℃。

我成绩 83 分。
83
哥哥的成绩是金牌（一等奖）。

太咸了！
我才放 10g 盐！
卫生部门建议，每天的食盐摄入不超过 6g。

微波炉比烤箱更省电。
微波炉150W
烤箱630W
微波炉功率是 150W，烤箱功率是 630W。

我们用pH值对溶液的酸碱性进行定量描述。pH<7为酸性，pH>7为碱性，pH=7呈中性。pH值之间可以相互比较——数值与7相差越远，酸性或碱性就越强。

只要酸碱性足够强，溶液就都会具有腐蚀性，无论在实验室还是在生活中都要小心使用，避免与皮肤直接接触。厕所清洁剂酸性较强，厨房清洁剂碱性较强，使用时最好佩戴橡胶手套。

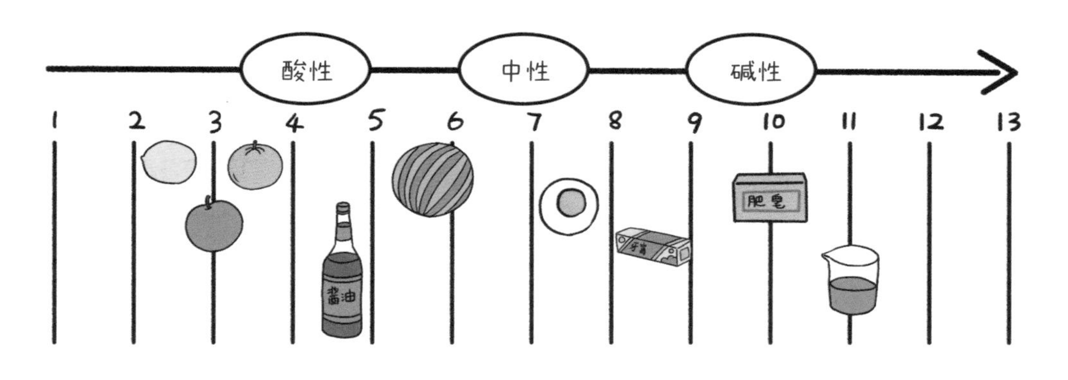

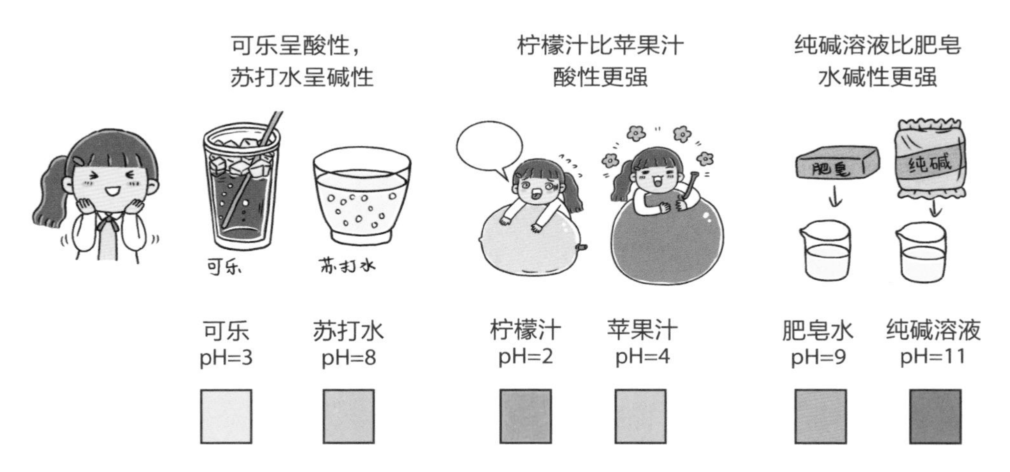

我们可以用 pH 试纸测量溶液的 pH 值。pH 试纸遇到不同酸碱溶液会呈现不同颜色。我们将试纸与色卡对比即可测出溶液 pH 值。

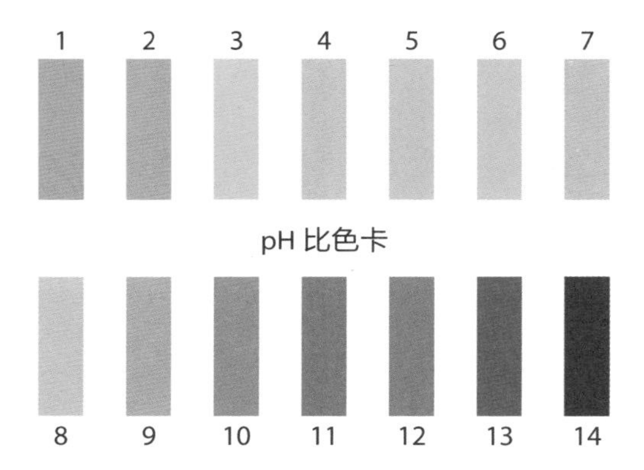

魔法变色粥

一起祝贺苏轼酒楼
获得A级评级。
欧耶！

为了祝贺这
个伟大的时
刻
今晚，我将
献上我的拿
手好菜——
苏轼紫薯粥。

紫薯粥来咯~~~

嘿，趁这个机会在老妹
面前显摆下。

妹，哥给你变个魔术，
你先把眼睛闭上。

搅拌
妹妹专用碗

变好了，睁开眼睛吧。
??
哥哥，你又在搞什么鬼？

哥哥，你对我的粥做了什么？
我的粥怎么变绿了？

呃，好像玩笑开过头了！
哇哇哇

嘿嘿嘿，哥马上给你变回来。
橙子

拿住半边

挤

搅拌

颜色变回来了。

那我也不喝，把你的那碗给我拿过来。
好，给给给~~

紫薯粥呈现紫色，是因为里面含有花青素。花青素在酸性条件下呈紫红色，在碱性条件下呈蓝绿色。像这样会根据外界条件改变颜色的物质，被称为指示剂。

打个比方，顾客进入饭店无法直接感知判断后厨的卫生程度。

不过顾客可以清楚地看见醒目悬挂的“卫生评级标志”，并根据评级估计后厨的卫生程度。这个“卫生评级标志”就起到了指示作用。

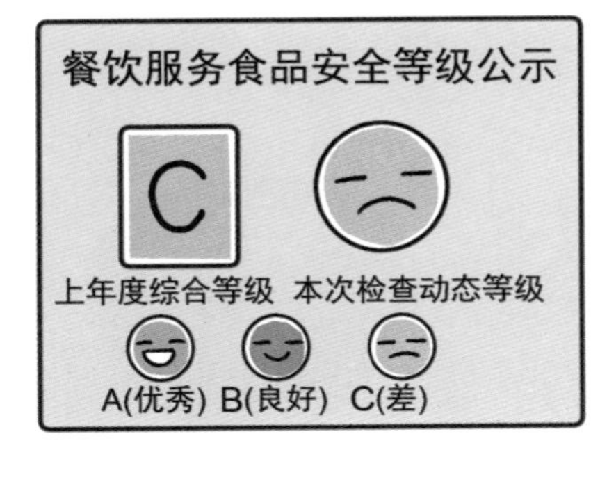

同理，我们无法通过肉眼判断溶液的酸碱性。但我们可以通过加入“酸碱指示剂”，通过溶液的颜色推测溶液的酸碱性。pH 试纸能呈现多种颜色是因为其中含有几种混合指示剂。

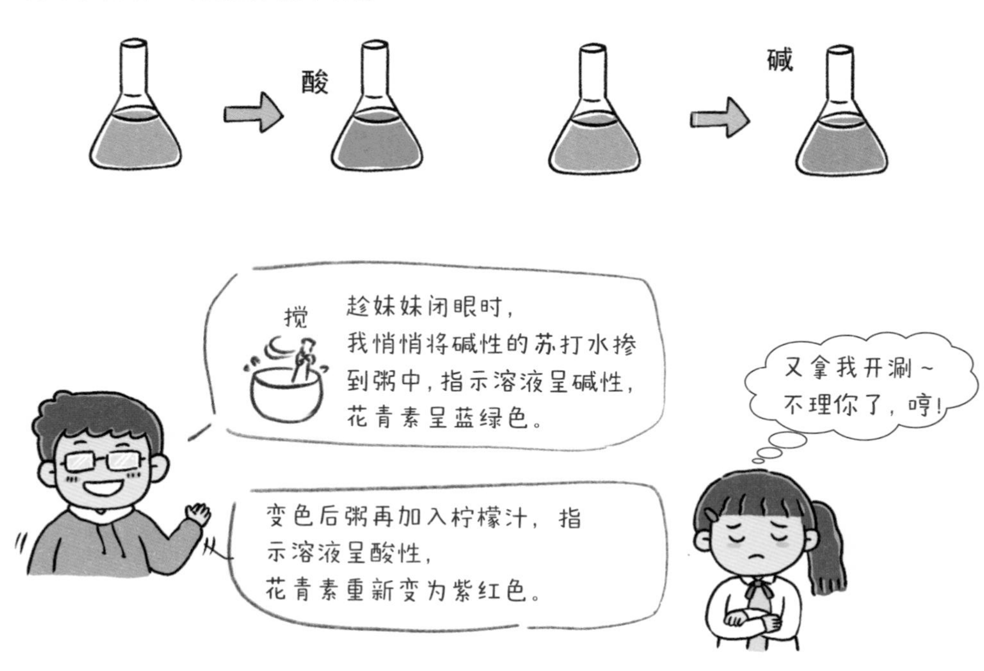

除了酸碱指示剂，很多其他类型的指示剂被广泛应用于检验检疫，为我们的生命安全保驾护航。

余氯（Cl_2）指示剂
（游泳池）

亚硝酸盐指示剂
（泡菜）

铬镍指示剂
（不锈钢）

小实验　**测量常见液体的 pH 值**

实验材料

pH 试纸。

实验过程

1. 取待测液体若干，蔬菜水果需要挤出汁备用。
2. 撕取一条 pH 试纸放在玻璃上或白色瓷碟中。
3. 用筷子蘸取待测液体，涂抹在 pH 试纸。
4. 几秒钟后，将试纸的颜色与比色卡上的数值相比对。

* 注意：虽然 pH 试纸没有毒性，但也要避免用试纸直接蘸取还要继续食用的液体。

小实验　**魔法紫薯粥**

实验原料

大米、紫薯、小苏打、柠檬汁。

实验步骤

1. 将紫薯洗净、削皮、切成小块，将大米淘净。
2. 汤锅中放入适量的水，大火煮沸后转小火，加入紫薯块与大米。
3. 盖上盖子煮 15 分钟，中间搅拌几次。
4. 关火焖几分钟，盛出来就可以吃啦，如果喜爱甜口，可以加少量白糖。
5. 盛出少量紫薯粥置于小碗中，加入小苏打搅拌，可观察到粥呈蓝绿色。
6. 盛出少量紫薯粥置于小碗中，加入柠檬汁搅拌，可观察到粥呈紫色。

实验原理

小苏打呈碱性，能使花青素变为蓝绿色；柠檬汁成酸性，能使花青素变为紫红色。

* 紫薯粥初始颜色与米质、当地水质有关。

05

愉快的炭烧晚宴

烧烤中的“重头戏”

日历 9月
22 23 24 25 26 27 28

为了庆贺国庆佳节，
我决定明晚请大家——

下馆子吃烧烤！

爸，你还记得咱家是开饭店的吗？

嘿嘿嘿，也是…也是…
不如我们自食其力……

咳~我重新
宣布~~~~
大家忙碌起
来！为了明晚
的炭烧晚宴努
力准备吧！

明白！

我准备牛肉！
我准备
鸡肉！
我准备蔬菜！

老公，那么
你负责什么
呀？

我嘛～当然是烧烤中的重头戏！
什么嘛，还搞得神神秘秘。
第二天
既然咱家是开饭店的，就不能放着客人不管，自己去吃烧烤啊。
客人
好饿啊，客人们啥时候才能吃完走啊！
嘘，小声点，别让客人听见了！
盛年不再来，一日难再晨……
19:00
一万年太久，只争朝夕……
21:00
20:05
一寸光阴一寸金，寸金难买寸光阴……
20:40
逝者如斯夫，不舍昼夜……

请您慢走，
欢迎再次光临
苏轼酒楼！
太好了！最
后一个客人
也走了！

吃烧烤咯！

咦，老爸
哪儿去了？

都闪开！
重头戏
来了！

烧烤的重头戏，
自然是炭火盆。

炭火盆中的木炭，主要成分是黑色的碳单质（石墨）。铅笔芯、汽车轮胎的黑色也是因为其中含石墨。碳在空气中燃烧可能有两种气体产物——氧气充足生成二氧化碳（CO_2），氧气不足则生成一氧化碳（CO）：

$$\text{完全燃烧：} C + O_2 \xlongequal{\text{点燃}} CO_2 \text{（二氧化碳）}$$

$$\text{不完全燃烧：} 2C + O_2 \xlongequal{\text{点燃}} 2CO \text{（一氧化碳）}$$

不管怎样反应，纯净的碳单质燃烧应该连一丁点儿灰都不会剩下。木炭燃烧的白色灰烬主要来自木炭中钾、钙、硅、磷等杂质元素。

二氧化碳无毒，一氧化碳有剧毒。故使用炭火时要避免不完全燃烧，并保持通风。值得注意的是，一氧化碳不能溶于水，所以在炭火盆边上放一盆水并不能预防中毒。

CO_2
CO
C
不过，不完全燃烧是不可避免的。另外，高温下碳单质也会与二氧化碳反应生成一氧化碳*。
啊，我要被毒死了！
这个倒不必担心，因为一氧化碳本身也可以燃烧生成二氧化碳**。木炭中心冒出来的蓝色火苗正是一氧化碳在燃烧。
谢谢你，小蓝火！

* 化学方程式：$C + CO_2 \xlongequal{\text{高温}} 2CO$

** 化学方程式：$2CO + O_2 \xlongequal{\text{点燃}} 2CO_2$

别看碳(石墨)长得黑不溜秋的，它可有一个贵族大哥——金刚石(钻石)。闪亮的金刚石其实也是由碳元素构成的单质。像这样元素种类相同、由于原子排列方式不同而形成的不同单质，被称为同素异形体。

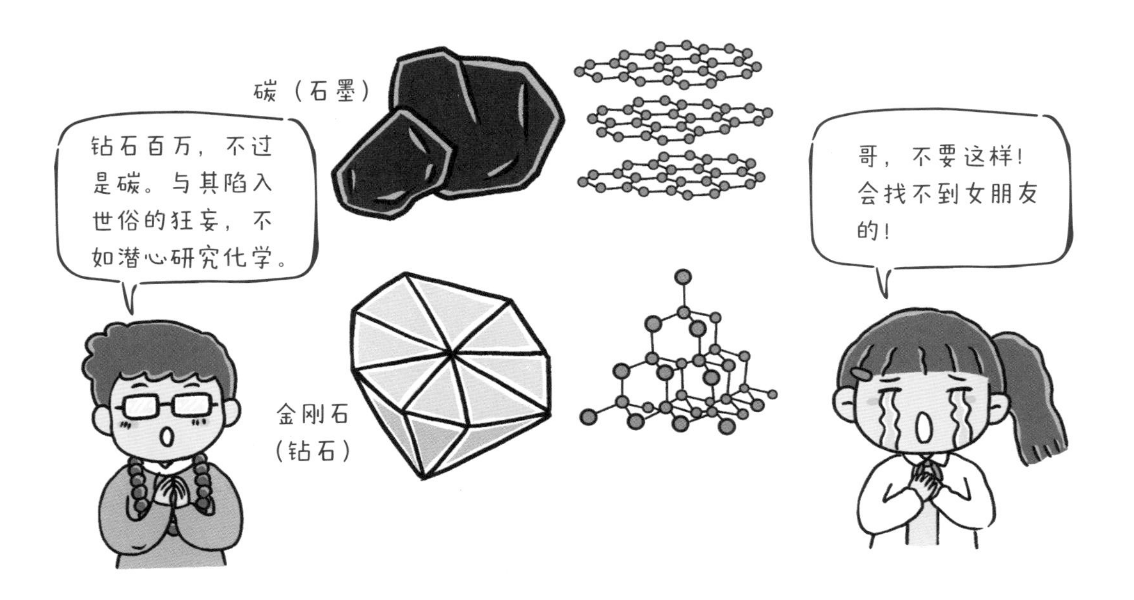

同素异形体间物理性质差异很大。除了外观不同之外，金刚石很硬、石墨很软；金刚石不导电、石墨能导电。当然，这些性质的差异与二者原子排列方式不同有关。在生活中石墨常作为润滑与导电材料。金刚石常作为切割、磨料与绝缘材料，正是运用了这些性质。

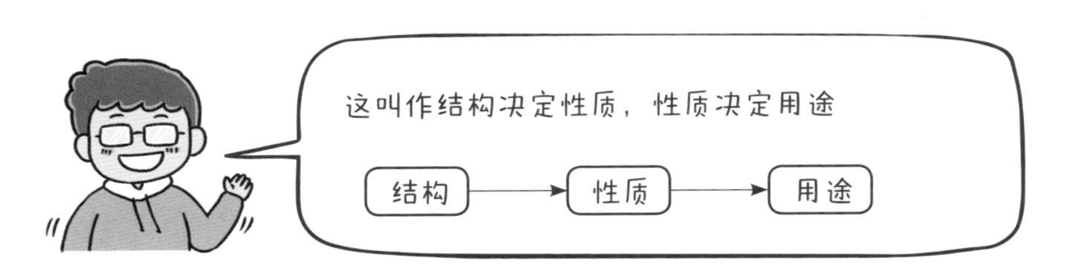

柠檬汽水

汽水中含有大量二氧化碳气体，我们可以通过小苏打与酸性物质的反应产生二氧化碳。小苏打是厨房中常用的发泡剂，化学名为碳酸氢钠（$NaHCO_3$）。除了做汽水，小苏打还能用于蛋挞、馒头的膨松。原理也与二氧化碳的产生有关。

在化学实验中，我们可以用盐酸（HCl）与碳酸氢钠反应模拟上述过程。化学方程式为：

$$NaHCO_3 + HCl = NaCl + H_2O + CO_2 \uparrow$$

柠檬中含有柠檬酸，醋中含有醋酸，发酵的面团中含有乳酸、酪酸（丁酸）。它们的“物质分类”都是“酸”，也能发生类似的反应产生二氧化碳。这些反应在厨房中很常见。

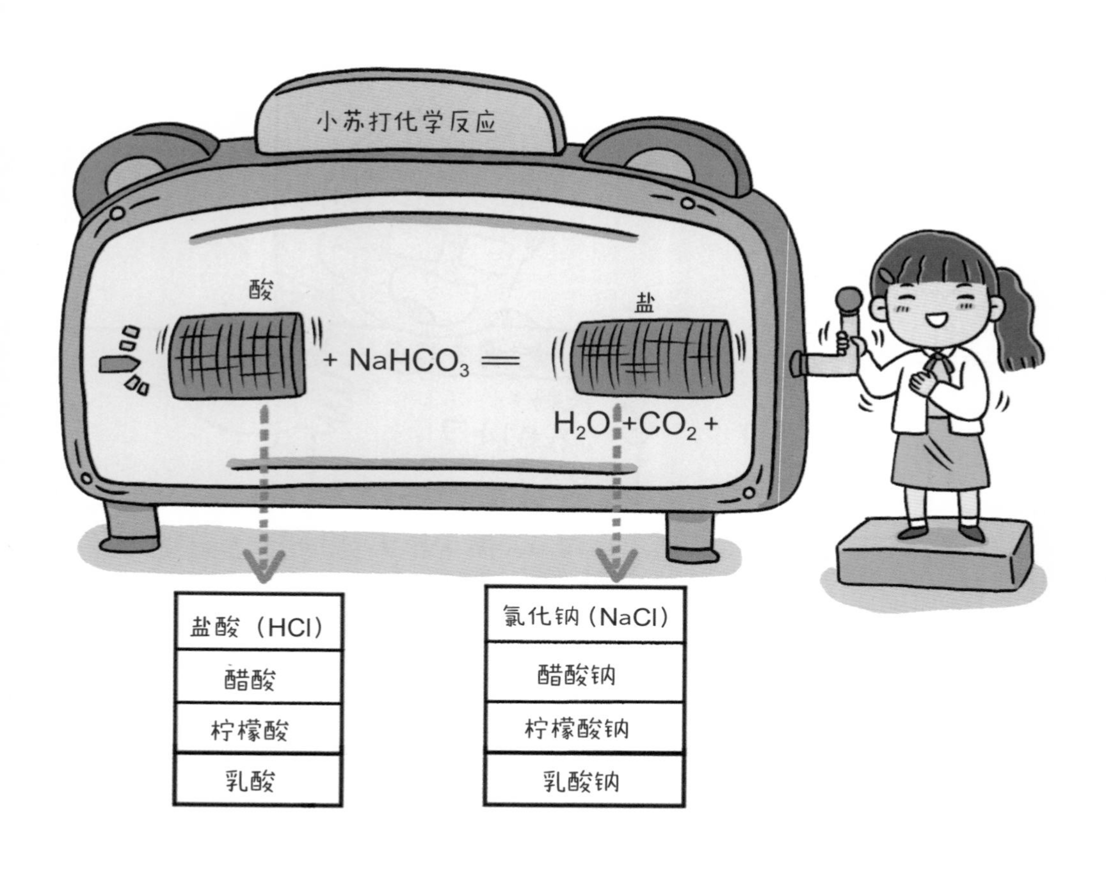
小苏打化学反应
酸
盐
+ $NaHCO_3$ ══ H_2O + CO_2 +
盐酸（HCl）
醋酸
柠檬酸
乳酸
氯化钠（NaCl）
醋酸钠
柠檬酸钠
乳酸钠

腐蚀品
盐酸
柠檬酸
醋
醋酸
盐酸是危险的强酸，一般只出现在实验室。这里只是举个例子

“苏打”一词是英文“soda”的音译，本意是“含钠的盐”（钠的英文是sodium）。后来苏打一词逐渐特指碳酸的钠盐，最后才与气泡水扯上关系。

碳酸氢钠微苦。苏打水中未反应完的碳酸氢钠会使苏打水有微苦的回味。并不是每个人都喜欢这种味道。不喜欢这种味道的朋友可以使用气泡水机将二氧化碳直接压入水来制作碳酸饮料。

市售的苏打水机有立式与简易两种，分别使用二氧化碳气罐与二氧化碳气弹，内部存储高压二氧化碳气体。

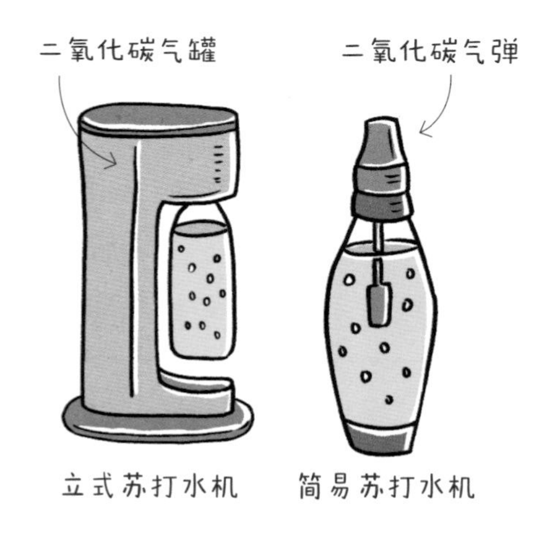

按下按钮的一瞬间，二氧化碳气体被挤入水中。二氧化碳能与水反应生成碳酸，故如此制作的饮料被称为碳酸饮料。化学方程式：$H_2O + CO_2 \rightleftharpoons H_2CO_3$

为了新生活，干杯！

嗝~~~~
巨响！

还好大家都在专心吃饭。
哈~哥哥你吃多了吧~

才不是！
可恶，一点儿都不给面子吗？

喝完碳酸饮料会打嗝，这和是否吃饱可没关系。
碳酸在温热的体内会重新分解为水和二氧化碳。二氧化碳顺着食道排出，就形成了“嗝”

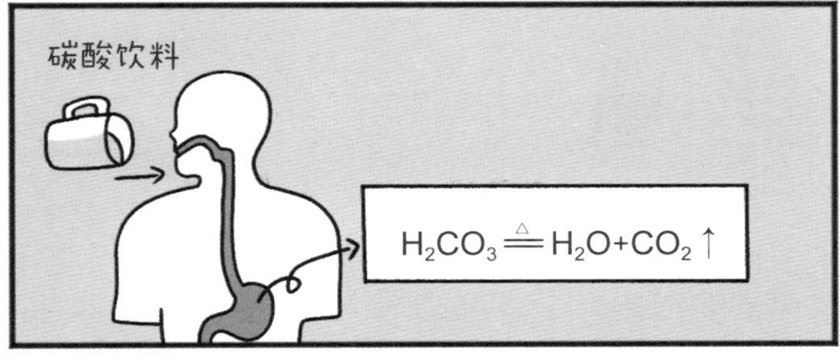
碳酸饮料
$H_2CO_3 \xlongequal{\triangle} H_2O+CO_2\uparrow$

等号上三角号的含义表示条件“加热”

灭火能手

除了制作饮料，二氧化碳还广泛应用于各种灭火器。

灭火器启动的瞬间，灭火器中的小苏打与酸性物质迅速反应，瞬间生成大量二氧化碳气体。

二氧化碳不能燃烧，且不支持燃烧。

由于二氧化碳密度大于空气，喷射而出的二氧化碳气体像棉被一样将火焰紧紧压住，起到隔绝氧气的作用。找不到氧气，火苗自然就熄灭了。

不适合用水的情况下，例如电气火灾，可以使用干粉灭火器。干粉灭火器中含有碳酸氢钠（$NaHCO_3$），它受热也能产生二氧化碳，同时自身转化为碳酸钠（Na_2CO_3）。化学方程式为：$2NaHCO_3 \overset{\triangle}{=\!=} Na_2CO_3 + CO_2\uparrow + H_2O$

CO_2不仅不支持燃烧，也不支持呼吸。由于呼吸与燃烧本质都是与氧气反应，实际上CO_2这两种性质原理是共通的。

动植物呼吸会产生CO_2，封存蔬菜的仓库或地窖会积累CO_2，贸然进入可能导致缺氧，应通风一阵再进入。携带一支点燃的小蜡烛能指示氧气是否充足。若蜡烛熄灭则说明缺氧，人应尽快撤离。

雪白的馒头

作为泡打粉的主要成分之一，小苏打常用于包括馒头在内的各种面点的制作。面点所涉及的化学反应与汽水别无二致，都是利用小苏打与酸性物质反应。二氧化碳气体能在食物中留下疏松多孔结构，产生软糯的口感。

所有类型的泡打粉都是小苏打与“酸性物质”的组合。“酸性物质”既可以是酸本身，也可以是其他显酸性的物质，例如明矾。如之前所讲，“酸”的概念比较狭义，而“酸性物质”比较广义。
酸性物质
酸
盐酸
柠檬酸
醋酸
醋
明矾
磷酸二氢钙
哥哥是有讲过的哦!

以国民早餐“油条”为例，油条在面粉中预混了小苏打和呈酸性的明矾（硫酸铝钾）。

在炸制过程中二者迅速发生化学反应，内部产生大量二氧化碳，使油条变得又大又蓬松。

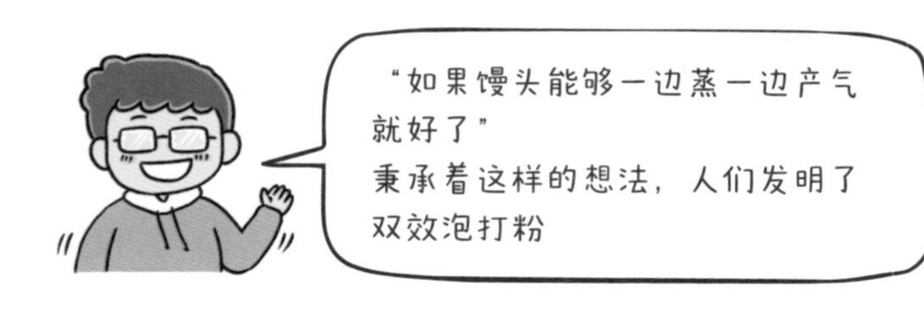

双效泡打粉中的酸性物质有两种。两种酸性物质与小苏打反应速度一快一慢。

快速产气的酸性物质有磷酸二氢钠，慢速产气的物质有葡萄糖酸内酯、焦磷酸二氢二钠等。

有如乌龟与兔子赛跑，慢速发泡产生二氧化碳的速度虽然缓慢，在加热的情况下产气却更加持久，不断产生的二氧化碳有效避免了馒头中心的塌陷。

快速发泡剂将馒头预膨胀。
慢速发泡剂：持续产气保持膨胀。
磷酸二氢钠等。
焦磷酸二氢二钠、葡萄糖酸内酯等。
我不行了……
我还能产气。

自然界中几千亿种物质，其中含 90% 以上都含有碳元素。碳元素是一切生命的基础，在人体细胞中，碳占总重量的 18.5%、干重的 49%。它是构成生命的建筑设计师、工人与最基本的建筑原料。

牛津大学化学教授彼得·阿特斯金曾说："碳这种元素的王者性质源于其平凡；碳做了大部分的事情，又不走极端，最后它主宰了自然。"

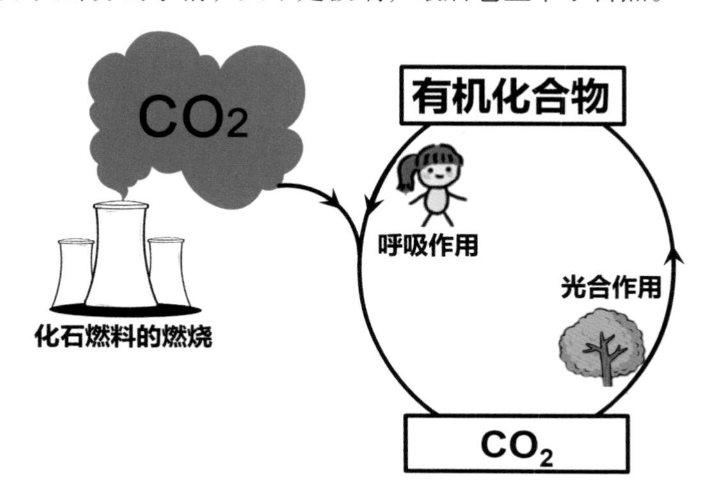

动植物呼吸时，含碳的能源物质（有机化合物）转化为二氧化碳；植物在进行光合作用时，二氧化碳又转化为含碳的能源物质，如此碳的循环达到微妙的平衡。动植物死去后，体内含碳的能源物质在亿万年地质变化中转化为化石燃料（煤、石油、天然气）。亿万年后，这些化石燃料被人类挖掘利用，燃烧产生额外的 CO_2。化石燃料的过度使用打破了碳循环原有的平衡，造成温室效应、海水酸化等公害，正在威胁人类生存。

许多国家推出政策限制二氧化碳的排放。2020 年我国郑重承诺：中国力争 2030 年前二氧化碳排放达到峰值，力争 2060 年前实现二氧化碳排放与吸收总量相抵（碳中和）。

在日常生活中，多使用公共交通工具出行、节约用电、参与植树造林活动能降低二氧化碳的排放。为了保护我们赖以生存的环境，让我们一起努力吧！

小实验　自制气泡水

原料

气泡水机（包含配套容器、二氧化碳气罐）、凉白开水、果汁。

操作步骤

1. 将二氧化碳气罐或气弹按照说明书的要求正确装入气泡水机中。
2. 将凉白开倒入气泡水机指定的容器中，注意控制水位在规定的刻度线范围以内。
3. 按住气泡水机的开关，持续 3~5 秒种，让二氧化碳充分鼓入水中。
4. 松开气泡水机的开关，待容器中水雾消失后，方可打开容器。
5. 向气泡水中加入各种果汁，就可以享用啦！

* 高压气罐、气弹的装卸与释放必须在成年人照看下才能操作。即使是成年人操作，也必须在阅读与理解说明书的前提下才能进行。

小实验　自己蒸馒头

原料

双效泡打粉、水、小麦面粉。

操作步骤

1. 将小麦面粉放进盆里，加入双效泡打粉（根据说明书的要求添加，一般是面粉质量的 1%~3%），将二者充分混匀。
2. 添加面粉质量 1/2 的冷水，均匀搅拌，反复揉搓，直到形成一个合适的面团。
3. 面团放置 30~45min 后，将其切成馒头胚（俗称：剂子）。
4. 将馒头胚放入蒸锅，蒸 20min 即可出锅啦！

06

为完美的身材而努力吧

营养成分表

从今天起，苏雪我再也不喝可乐了！

妹妹怎么突然这么奇怪？
小雪真是长大了。

今天我被话剧社选为女主角，代表学校去上海表演童话剧。

到底是什么童话？竟然选到了俺妹头上？是《狮子饭店》还是《国王与厨师》？
我这么像厨娘吗？
你这是在嫉妒我！

我们的剧目是《白雪公主与七个小矮人》。
那你一定是演王后了？

妈，你能不能管管我哥？
小雪那么可爱，当然是演白雪公主了。

正确，接下来的两个月，我将为完美身材而努力！
杜绝零食、饮料、油炸食品！
话剧社竟然比老妈磨叽一百遍管用！

拜拜甜甜圈、珍珠奶茶、方便面……
NO
以后我只吃低卡路里的健康食品。

比如说：酸奶。
晕～
呃
跪

苏雪
你难道不看一下营养成分表吗？

这种表格倒是经常见到，可是我从来没有关注过……
某品牌酸奶营养成分表
项目 每100克 NRV%
能量 389kJ 5%
蛋白质 3.1g 5%
脂肪 3.1g 5%
碳水化合物 13.0g 4%
钠 65mg 3%
钙 85mg 11%

市场上能买到的食品、饮料，包装上都有一个“营养成分表”，表示食品中所含营养成分与含量。绝大多数营养成分表都会标注每 100 g 食物中糖类（也称碳水化合物）、脂肪、蛋白质与一些盐类(钠盐、钙盐等)的含量。

根据成分表中的数据计算，喝一瓶 250 mL 的酸奶，相当于吃掉了 $13\times250\div100=32.5$ g 糖，大约是八块方糖。喝掉相同体积的可乐，相当于六块半方糖。

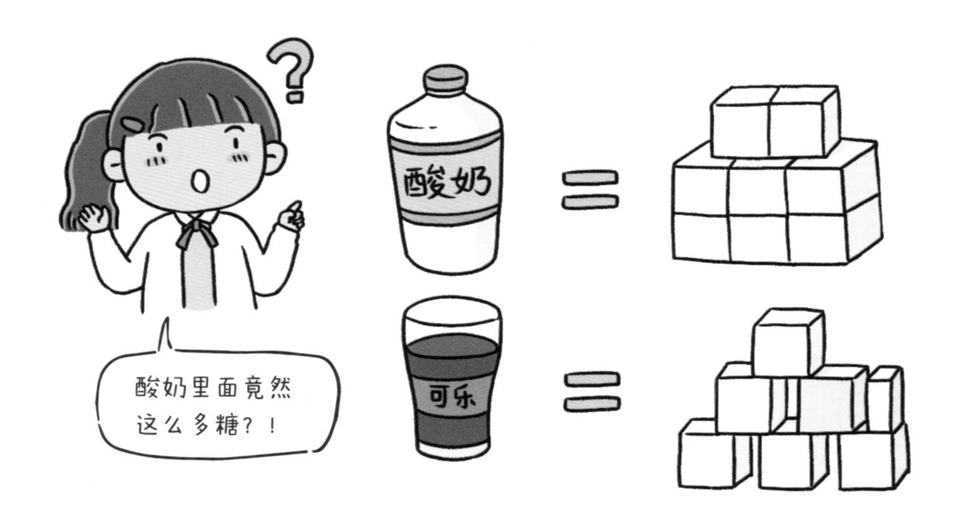

营养成分表最右栏是“营养素参考值”，简称 NRV。这个数代表一份食品中所含的营养素占该营养素的推荐日摄入量的比例。比如说 100 g 酸奶中碳水化合物的 NRV 值是 4%，这意味着这些酸奶能提供每日所需糖类的 4%。如果每天摄入的食物中，碳水化合物的总 NRV 值超过了 100%，说明糖类吃多了，需要优化食谱结构。

值得注意的是，没有标明营养素参考值的食物也要列入我们的计算范围。像米饭、馒头这类主食都是含糖的大户；肥肉、油炸食品是含脂肪的大户……

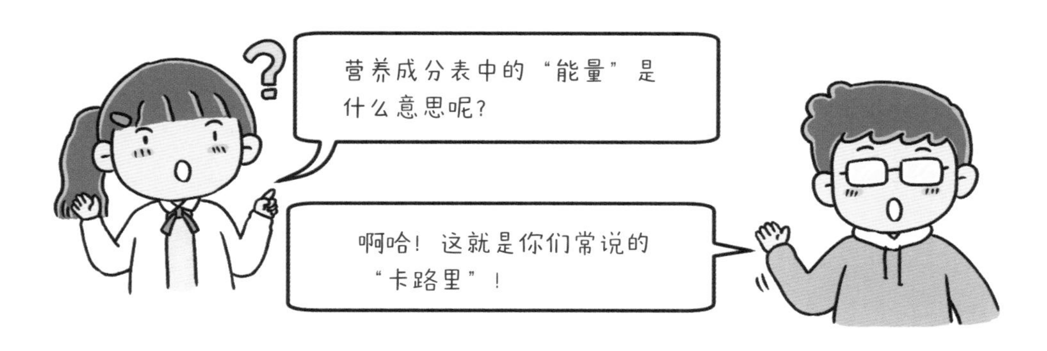

糖类、脂肪在人体内会被消化，产生水与二氧化碳的同时释放大量的能量。如果每日摄入能量大于消耗，多余的能量就会转化为脂肪存储在体内，久而久之会产生超重、脂肪肝等健康问题。我们常说的卡路里（cal）是常用能量单位之一，而营养成分表中的能量一般用焦耳（J）表示。1 卡路里等于 4.2 焦耳。

“色香味”俱全

仅凭食材中的营养成分可无法取悦挑剔的食客。要想赢得顾客的青睐，菜肴中还需要使用各种食品添加剂。

食品添加剂都是有害的化学物质！我不要吃食品添加剂！

有些无良商家经常过量使用食品添加剂，或使用国家标准之外的违规物质。这使得人们对“食品添加剂”五个字谈之色变。实际上，食品添加剂对食物的风味起到至关重要的作用。广义来说，除食材以外的调料都属于食品添加剂。

食品添加剂有四类重大作用——改善味道、改善颜色、改善口感、延长食品保质期。

改善味道的食品添加剂俗称“调料”。调料可以增加食材的香味，或掩盖食材本身不受欢迎的味道。调料又分为甜味剂、酸味剂、鲜味剂等。

① 甜味剂： 最常用的甜味剂是糖。无论白糖、红糖、黑糖，还是冰糖，其主要成分都是蔗糖。可乐等碳酸饮料则使用果糖与葡萄糖的混合物（俗称果葡糖浆）作为甜味剂。

若不希望摄入过量能量，可以使用代糖作为甜味剂。代糖本身不是糖，具有甜味但不会提供能量。常见的代糖有阿斯巴甜、安赛蜜、三氯蔗糖、赤藓糖醇。翻一翻无糖饮料、糖果蜜饯的配料表，说不定能够找到它们的名字呢！

糖精钠也具有甜味，曾作为代糖广泛使用。研究表明，过度摄取糖精钠可能会致癌，要尽量避免食用。

② **酸味剂**：最常用的酸味剂是醋，其有效成分是乙酸，也称“醋酸”。醋具有发酵的味道，不适合清新口感的食材，此时可以用苹果切片、柠檬汁或酸奶提供酸味。可乐是酸性较强的饮料，其中加入了酸性更强的磷酸（H_3PO_4）。

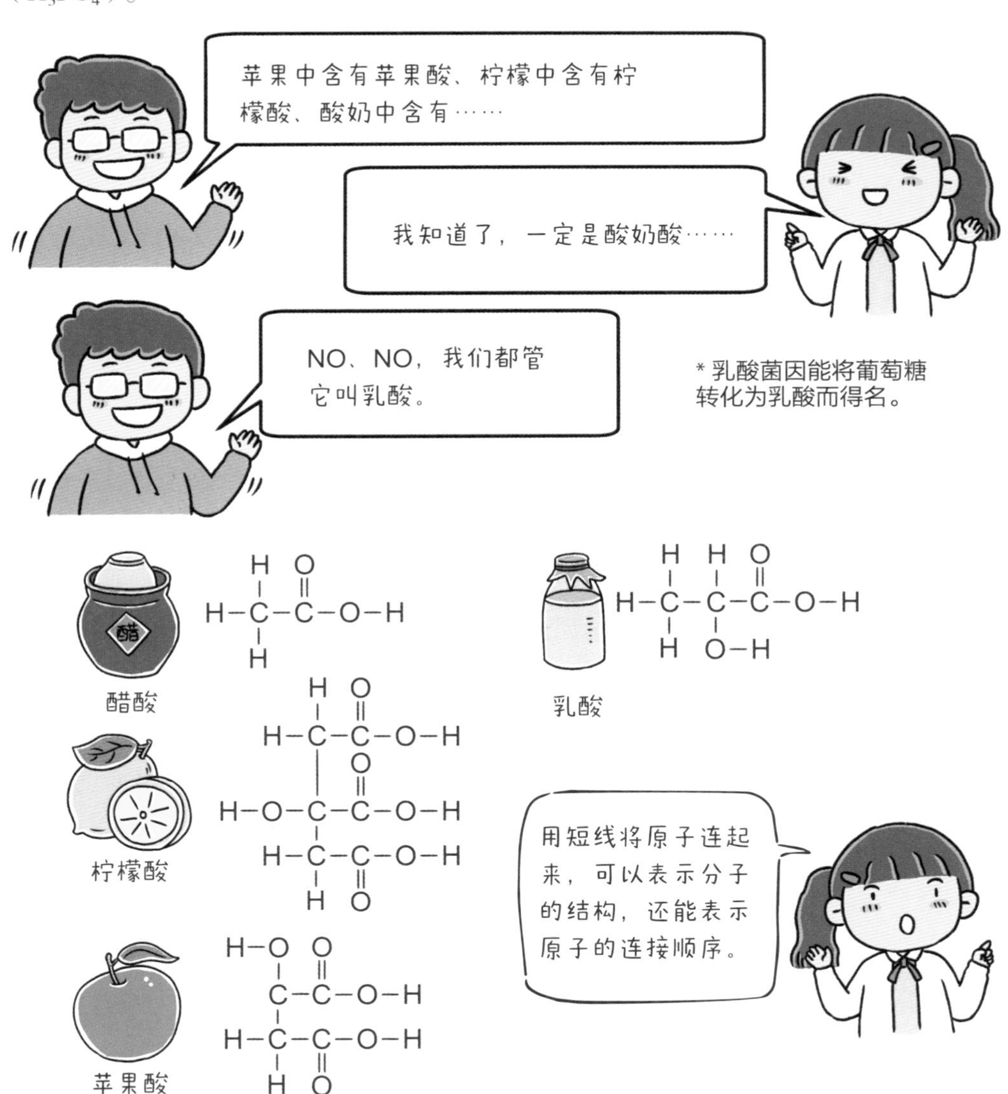

③ **鲜味剂：**鲜味剂主要包括氨基酸与核苷酸两大类。

味精是谷氨酸的钠盐，属于氨基酸类，鸡精的主要成分也是谷氨酸钠。味精长时间加热容易分解，与酸性物质反应会生成溶解度较小的谷氨酸，故炒菜的时候一般最后才加味精，味精与醋也不宜一起食用。

核苷酸类主要包括呈味肌苷酸二钠和呈味鸟苷酸二钠，在薯片、海鲜酱油的配料表中，说不定能找到这两个名字。

为了使菜肴秀色可餐，很多包装食品会添加色素。

人工合成色素色泽鲜艳，能够提升食品的卖相。但人工色素的长期摄入可能诱发各种疾病，甚至有致癌的风险，儿童尤其不适合食用。符合国家标准的加工食品必须在配料表上明确标明添加人工色素的种类。国家列入卫生使用标准的人工色素有以下8种：胭脂红、苋菜红、赤藓红、新红、日落黄、柠檬黄、靛蓝、亮蓝。在冰棍、汽水、腌渍食品的配料表中可以找到它们的名字。值得注意的是，纳入了国家标准只是毒害偏低，并不意味着可以长期安全食用。

拒绝人工色素并不等于放弃对食物颜色的追求。在生活中我们可以通过食材与调料的合理组合搭配出我们想要的色彩。红烧肉、焦糖的颜色源自焦糖（俗称糖色），实质是蔗糖加热脱水发生的“褐变反应”。酱油在酿造过程中能产生天然的深褐色物质，它不仅能够提供营养与鲜味，更是食品调色的利器。市面上酱油品种众多，分为“生抽”和“老抽”两大类：生抽颜色浅、咸味淡、具有鲜甜口味，适合炒菜和凉拌菜；老抽颜色深、咸味重，可用于着色，让不会炒制糖色的厨房小白也能完美做出色泽诱人的红烧菜肴。

恰好的质感

色香味也不是菜肴的全部，
完美的菜肴还必须具备恰
到好处的质感。

无论是食品工业还是自家餐桌，我们都会有意或无意使用增稠剂与乳化剂改变汤水的质感。

增稠剂也称糊料，它能使汤水变稠、变黏。淀粉是厨房中最常见的增稠剂，用淀粉糊增稠的操作俗称“勾芡”，能够增加卤汁对食材的附着力。

像酸奶、蚝油这类食品都会使用增稠剂。黏黏的质感会给人以“用料很足”的错觉，实际上都是增稠剂的功劳，所以这类商品并不是越黏稠越好。由于淀粉非常容易滋生细菌，故包装食品使用的增稠剂一般都是基于淀粉改性的分子——羟丙基二淀粉磷酸酯、乙酰化二淀粉磷酸酯、羧甲基纤维素钠、变性淀粉等。在酸奶的配料表中可能会发现它们的名字。

以明胶、果胶为代表的食用胶也能起到增稠的作用。如果胶类加入较多，还会使溶液转化为果冻状的假凝固态。果冻中一般使用的是卡拉胶，这种胶是从鹿角菜（一种海藻）中提取的。

乳化剂是一类既含有亲水基团又含有亲油基团的分子。这类分子既可以与油结合，也可以与水结合，因此可以暂时将水和油混成一体，形成类似牛奶的不透明的混合物(乳浊液)。

油和水本来是不相溶的冤家。在乳化剂的作用下，油和水能够暂时混合在一起。
哼!
哼!
油
水
我亲油!
我亲水!
油
水
乳化剂

牛奶中含有水和奶油，色拉酱中含有水和色拉油，芝麻酱中含水和芝麻油……这些食品中的磷脂、蛋白质等成分可以充当天然的乳化剂，将油与水混合成不透明的乳液。

冰淇淋中含有更多奶油，当天然乳化成分无法“压住”油和水之间的矛盾时，就需要添加人工合成的乳化剂，例如：司盘、吐温、大豆磷脂、单脂肪酸甘油酯等。翻开雪糕、冰淇淋的配料表，说不定能看见这些物质的身影。

值得注意的是，靠乳化剂形成的乳液，其稳定性是相对的，长时间放置还会产生分层现象。久置的色拉酱会浮出一层清水，久置的芝麻酱会浮出一层麻油。在保证不腐败的前提下，这些食品充分搅拌后还能恢复原状，可以继续食用。

由于乳化剂（表面活性剂）具有亲水、亲油的特点，可以用来洗去难溶于水的油污。肥皂、洗涤剂、沐浴液都含有这类物质。

乳化剂本身黏度并不大，故日用洗护产品中也会加入增稠剂增加液体的黏稠程度。中国的消费者往往认为黏稠的产品用料更足，日本的消费者往往认为太黏的液体容易黏到瓶子上不卫生。因此，即使是同一款产品，售往中国市场的会比日本更黏稠一些。

所以说，化工产品设计是门很复杂的学问，既要考虑产品的质量，又要外观讨喜，还要基于消费群体的喜好进行调整。

同理，酸奶、蚝油等这类产品也不是越黏稠越好。产品质量取决于有效成分剂的添加量，而与增稠剂关系不大。

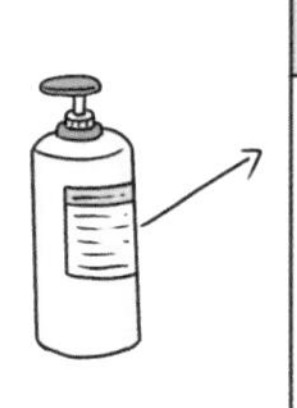

净含量：750ml
成分：水、月桂酸、椰油酰两性基二乙酸二钠、椰油酰胺丙基甜菜碱、月桂酰胺、DEA、椰油酰羟乙磺酸酯钠、甘油、肉豆蔻酸

这些都是乳化剂

负罪的功臣

苏雪上外地演出已经好几天了，好担心她啊。
妈，你别担心，妹妹已经不小了，而且话剧团的随团老师也会照顾她的。

铃铃铃 ~~~

妈妈，我们演出特别成功！火车下午就到家啦！

太好了，宝贝！那你们中午怎么吃饭呢？
妹妹要回来啦！家里该热闹啦！

中午只能在火车上吃饭，我和同学买的面包，香肠和卤蛋。
我会照顾好自己的。

乖女儿，回家让爸爸给你做好吃的。

绝大多数的包装食品都需要添加防腐剂、抗氧化剂提高保质期。

防腐剂的作用是抑制细菌、霉菌等微生物生长。常见的防腐剂有苯甲酸钠、山梨酸钾，山梨酸钾安全性更好，是苯甲酸钠的40倍。亚硝酸钠也是防腐剂的一种，多用于肉制品防腐且能使肉色鲜红，泡菜中也含有亚硝酸钠。长期服用亚硝酸钠有致癌的风险，我们应该尽量避免摄入。

抗氧化剂的作用是防止食品与氧气反应而变质。常见的抗氧化剂有维生素C（抗坏血酸）、维生素E、丁基羟基茴香醚（BHA）、二丁基羟基甲苯（BHT）、叔丁基对苯二酚。红酒中还会加入二氧化硫起到防腐、抗氧化的效果。

毋庸置疑，摄入防腐剂、抗氧化剂对身体没有好处，但这些物质却是现代食品工业的基础。如果没有这些物质的使用，熟食只能保存几天，时间再长就会发霉、变质、腐烂，最后完全不能食用。也就是说，我们在轮船火车、山顶野外或不方便做饭的情况下，随身携带的饭菜大概率是没有安全保障的。与这些情况相比，含防腐剂、抗氧化剂的食品虽然不算特别新鲜，但食品安全足以保障。由此看来，防腐剂、抗氧化剂真的是“负罪的功臣”。

小实验　**酒酿圆子**

实验材料

酒酿（醪糟）、小汤圆、淀粉、饮用水、白砂糖。

实验步骤

1. 汤锅中加入适量水，加入几勺酒酿和适量白砂糖。
2. 将锅中的水煮沸后，下入冷冻的小汤圆，直到小汤圆体积膨胀、浮出水面。
3. 取小碗，加入少量淀粉和水，调成淀粉糊。
4. 向锅中加入淀粉糊，搅拌30秒左右即可关火。

实验原理

淀粉可以作为增稠剂，使得饮品变得黏稠。

07

小调料，大学问

醋和酒

暑假来啦！真让人心情愉悦，神清气爽！

哥，你咋不理我？难道你不高兴？

嗯？
我早就保送了啊，反正不用上学，天天都是暑假。
剁剁剁
啊！太拉仇恨啦！
老抽
米醋

要是在宫斗剧里面，你绝对活不过第二集。

哎，你长进挺快啊，都能自己掌勺了！

那是当然！
这半年，我可是得了老爸正宗手艺的真传。
看我的！金牌糖醋排骨！

先把生排骨焯水一分钟。

放一勺黄酒，一勺生抽，半勺老抽，
加两大勺米醋。腌制排骨20分钟。
黄酒
生抽
老抽
米醋
上一章讲了生抽和老抽的区别，生抽提供鲜味，老抽负责颜色。

起锅烧热，加
入植物油。

将腌制好的排骨
两面煎至金黄。

倒去锅中多余的油，
向锅中加入腌排骨的
卤汁，一勺白糖还有
刚才焯排骨的汤。
白糖

小火焖几分钟后，
大火收汁，别忘
了最后再加一大
勺米醋。
米醋

撒上芝麻，糖醋排骨
就做好啦！

苏雨在“金牌糖醋排骨”中使用了黄酒、米醋两种重要调味料。米醋的有效成分是乙酸（CH_3COOH），也称醋酸；黄酒的有效成分是乙醇（C_2H_5OH），也称酒精。它们都属于有机化合物。有机化合物是一类含碳元素的分子，其来源曾被认为与生命活动有关。

CH_3COOH

C_2H_5OH

像这样的写法被称为“结构简式”。“结构简式”兼具化学式与结构式的优点，在展示分子结构的同时，不失表达的简洁性。

	乙酸	乙醇
化学式	$C_2H_4O_2$	C_2H_6O
结构式	$\begin{array}{c} \ \ \ \ \ H\ \ \ \ O \\ \ \ \ \ \ \mid\ \ \ \ \ \| \\ H-C-C-O-H \\ \ \ \ \ \mid \\ \ \ \ \ H \end{array}$	$\begin{array}{c} \ \ \ \ \ H\ \ \ H \\ \ \ \ \ \ \mid\ \ \ \ \mid \\ H-C-C-O-H \\ \ \ \ \ \ \mid\ \ \ \ \mid \\ \ \ \ \ \ H\ \ \ H \end{array}$
结构简式	CH_3COOH	C_2H_5OH

开胃：
醋能够促进唾液、胃液的分泌，起到增进食欲的作用。一些饭店会免费赠送含醋的餐前小菜，其用意正是如此。

醋的作用

解辣：
大量使用辣椒的菜肴中，适当加醋能够减少辣味。这是由于辣椒素本身是碱性物质，醋不仅能够与之中和，还能催化辣椒素的分解。

释放钙质：
醋能将鱼刺、肉骨中不溶性的磷酸钙转化为可溶性的醋酸钙，将宝贵的钙质释放出来。

酸甜口味：
由于甜味与酸味能相互促进，糖醋排骨、锅包肉就成了醋的招牌。在高温烹饪的过程中，醋还能与糖、氨基酸、蛋白质等物质发生化学反应，生成一系列乙酰类化合物，从而产生特殊的香味。

中国用醋的历史已经超过3000年。相传醋是杜康的儿子黑塔发明的。杜康发明了酒，他儿子黑塔就在作坊里提水、搬缸。后来，黑塔酿酒后觉得酒糟扔掉可惜，就存放起来，在缸里浸泡。到了二十一日酉时一开缸，一股从来没有闻过的香气扑鼻而来。黑塔尝了一口，酸甜兼备，味道很美。黑塔便用“廿、一、日”加“酉”字来命名这种调料，叫“醋”。

实际上，“醋”字的历史远没有用醋的历史长久。“醋”字起源于唐朝，之前被写作“酢”（cù）或“醯”（xī）。山西人酷爱吃醋，且“西”与“醯”同音，故有“山西老醯”的说法。中国文化东渡日本时，“酢”字被流传过去，成为现代日语中的标准汉字。

醋酸（乙酸）不仅可以通过传统的米酿工艺制造，在化工厂还能以煤、石油或天然气为原料合成100%的纯乙酸。乙酸凝固点高达16℃，在冬天的室内即可结冰，故有“冰乙酸”之称。冰乙酸是重要的工业原料，能与棉花反应得到醋酸纤维素。醋酸纤维素是“化纤”的一种，它手感丝滑，常用于替代天然桑蚕丝。

将化工厂生产的乙酸用水稀释至30%左右的浓度，得到的产品被称为醋精。醋精对脚气、灰指甲有治疗作用，但不适合食用。有些小饭店为了节约成本会用稀释的醋精代替米醋做调料，这样做出来的菜不但没有香味，还会有一股刺鼻的酸臭味道。

民间曾流行室内加热醋精的消毒方式，俗称“熏醋”。然而专家早已证明，“熏醋”对杀菌没有任何效果，更不能杀灭病毒。“熏醋”浓度过高、时间过长还会刺激皮肤和呼吸道黏膜，引起水肿、恶心、呼吸困难等症状。真正能起到杀菌消毒作用的则是醋酸的衍生物——过氧醋酸（过氧乙酸），这种消毒剂能在各大药店买到。

做鱼的时候加醋可以去除腥味。鱼的腥味来自于三甲胺（$N(CH_3)_3$），高温烹饪下，乙酸与三甲胺反应生成无味的乙酰胺类物质。酒也能起到去腥的作用，但原理与醋不同。乙醇对三甲胺有很强的溶解能力，能够将三甲胺从食物中溶出，并随着酒精一起挥发掉。

除了三甲胺，酒精对很多物质的溶解能力也比水强。从古至今都有很多用酒做溶剂的事例。

成语“饮鸩（zhèn）止渴”中，“鸩”就是毒酒的意思。

乙醇具有杀菌消毒的能力。但并不是浓度越高，乙醇消毒效果就越好。当乙醇浓度过高时，细菌会进入自我保护的休眠状态，使其更难被杀死。实验证明，75% 的酒精溶液消毒能力最强。

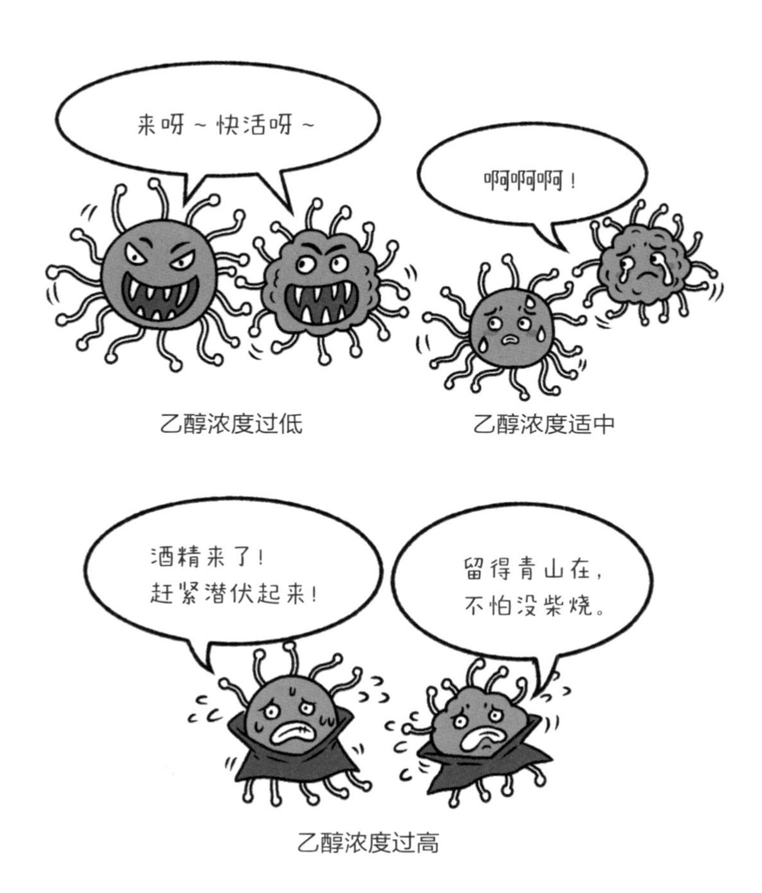

不过，酒的最主要的消费方式可不是调料或消毒，而是被直接喝掉。

事实上，酒的意义早已超越了化学物质本身，而已经演化成了一种文化现象。在古代，酒在餐桌上的地位至高无上。好友间推杯换盏，要么是豪迈抒情，要么是惺惺相惜；若是独自喝酒，多数是因为心情不好“喝闷酒”。几杯酒下去，文人骚客多会吟诗几首，有些诗词还有幸流芳百世。

"明月几时有？把酒问青天。"

"劝君更尽一杯酒，西出阳关无故人。"

"葡萄美酒夜光杯，欲饮琵琶马上催。"

"举杯邀明月，对影成三人。"

"浊酒一杯家万里，燕然未勒归无计。"

"三杯两盏淡酒，怎敌他、晚来风急。"

"天子呼来不上船，自称臣是酒中仙。"

"五花马，千金裘，呼儿将出换美酒。"

"借问酒家何处有，牧童遥指杏花村。"

"酒入愁肠，化作相思泪。"

"对酒当歌，人生几何！"

"花间一壶酒，独酌无相亲。"

"……"

哈哈~我赢啦！

好友相聚，推杯换盏之际，几杯酒进肚，乙醇便迅速被胃吸收，进入血液。在肝脏中，乙醇经过三步骤的消化，分别生成乙醛、乙酸和二氧化碳。这三个物质中，乙醛的毒性最大。面红耳赤、头晕目眩、恶心呕吐等“醉酒”症状都是乙醛中毒的表现。

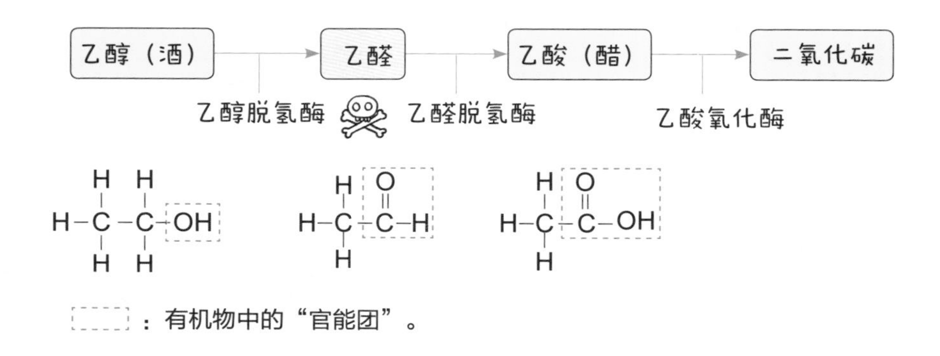

简单的有机化合物可以用“数字＋母体”的规则表示。
数字用"天干"表示，即"甲乙丙丁戊己庚辛壬癸"，表示含有1~10个碳原子。
母体用一个汉字表示，表示分子中含有哪些特征性结构。这些特征性结构被称为“官能团”。“官能团”如同分子中的“官员”一样能决定分子的化学性质。
乙醇、乙醛、乙酸分别指含2个碳的醇类、醛类与酸类物质。

三步骤的消化过程需要肝脏中对应的三种酶（酶：高效的生物催化剂）协助完成。不巧的是，虽然每个人都拥有消化乙醇、乙酸的酶，但能消化乙醛的酶却不是人人都有。是否容易醉酒完全要看有没有从爹妈那里继承产生乙醛脱氢酶的基因——如果有就能“千杯不醉”，没有就会“滴酒就倒”。事实上，经常饮酒能“练酒量”的说法是错误的，不擅长喝酒的人“练”出来的只是对乙醛中毒症状的忍耐力，但乙醛对身体造成的损害并没有消失。

2017年，美国临床肿瘤协会发表声明，明确指出乙醇是一级致癌物。也就是说，即使少量饮酒也会带来罹患癌症的风险。据统计，每18个癌症案例中就有1个是酗酒所致。研究表明，酒精对青少年的大脑发育影响更大，许多国家有明确的法定饮酒年龄，我国也严禁向未成年人出售酒精制品。

酒精能够扭曲人的认知，并使人产生幻觉——酒驾的司机往往会造成恶劣的交通事故，打架斗殴事件很多源自醉醺醺两伙人之间的睚眦必报。酒精还具有依赖性，俗称“酒瘾”，现代作家胡秉言有诗云：“醉生梦死一天天，不管妻儿举步艰。”

滥用酒精催生了大量的家庭问题与治安问题，使各个国家痛定思痛，纷纷推行了“禁酒令”，但无一例外地无疾而终。西汉时期，相国萧何曾规定：“三人以上无故群饮酒，罚金四两。”但这条规定只适用于粮食欠产的年份，丰年禁令则自动解除。美国在1917年曾推行严厉的禁酒令，受禁酒令的影响，美国黑市酒精交易猖狂不绝，执法官员贪污受贿成风，黑社会也靠贩卖私酒攫取了第一桶金。1985年，苏联也一度推行限酒令。结果酒瘾上来的醉汉开始喝所有含酒精的产品，甚至超市货架上的古龙水、润肤露都被抢购一空。禁酒期间，苏联飞行员竟然打起飞机防冻液的主意，这种防冻液中含有危险的甲醇，过度饮用会导致失明。不过苏联飞行员自有妙计：每周一他们将皮带的卡扣调到最松，每偷喝一次就将皮带卡扣缩紧一格。当缩紧三格时，皮带就会勒紧他们的肚子，提醒他们本周“不能再喝了”。

看来酒精成瘾是复杂的社会问题，不是一禁了之就能解决的。
是的，酒精的话题的确非常沉重，但醋的故事就有趣得多。

大家都知道“吃醋”一词指代恋爱关系中的嫉妒情绪。不过，两晋期间吃醋却用来形容一个人气度大。宋吕本中《官箴》记载：“王沂公常言‘吃得三斗酽（yán，浓厚之意）醋，方做得宰相’，盖言忍受得事。”翻译成白话就是：三斗浓醋都喝得，还有什么事情忍受不了？这样的人才能做宰相。“吃醋”语意的转化来自唐朝，相传唐太宗李世民为宰相房玄龄纳了两个小妾，房的妻子十分嫉妒，便横加阻拦，就是不让。唐太宗吓唬房夫人，要治她“抗旨不遵”之罪，让她在喝毒酒与纳小妾之间选择。房夫人性子刚烈，直接端起“毒酒”一饮而尽，才发现皇帝给她准备的是一壶浓醋。

油和脂

你哥再给你露一手！做一个西餐，香煎龙利鱼。
啧啧，看不出来你还能中西合璧呢！

冷冻的龙利鱼先解冻。用厨房用纸反复吸干鱼的水分后，将鱼切成块。

加入几勺料酒去腥，再加入少许白胡椒粉，腌制 10 分钟。
料酒
白胡椒粉

倒去多余的料酒。
酒的作用是溶出鱼肉的三甲胺。
完全正确！

切几片黄油放入平底锅，小火加热，鱼块上沾满淀粉备用。
淀粉

苏雨使用的“黄油”是从牛奶中提取的油脂。油脂在烹饪中的作用举足轻重，油大的菜往往口感很香。

油脂是油和脂肪的合称，常温液态的称为油，通常来自于植物，例如豆油、菜籽油、花生油；常温固态的称为脂肪，通常来自动物——例如牛油、黄油。

油脂密度比水小，也不溶于水。故油都会浮在水的上方。

固态的脂肪加热时也会熔化成液体。西餐常使用熔化的黄油烹饪，麻辣锅底中也常会见到一大块固态的牛油，随着水温升高才慢慢化为液体。我们注意到，鸳鸯火锅的麻辣锅底总是比清汤锅底先沸腾，这是由于油脂浮在水面上方会阻止水的蒸发吸热，从而积蓄了更多热量。

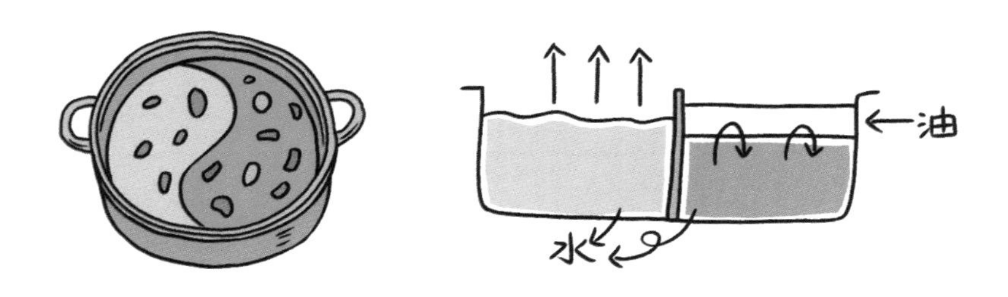

油脂的化学成分是甘油三酯，属于有机化合物。甘油三酯在体检单上作为一项生化指标出现，也就是我们俗称的“血脂”。高血脂对健康不利，需要保持饮食清淡。

甘油三酯中含有一个甘油单元和三个脂肪酸单元。根据脂肪酸中碳元素与氢元素的比例，可分为饱和脂肪酸与不饱和脂肪酸——熔点较高的动物脂肪含有较多饱和脂肪酸，而熔点较低的植物油含有较多不饱和脂肪酸。保健品中宣称含有的“DHA”“神经酸”也属于不饱和脂肪酸。

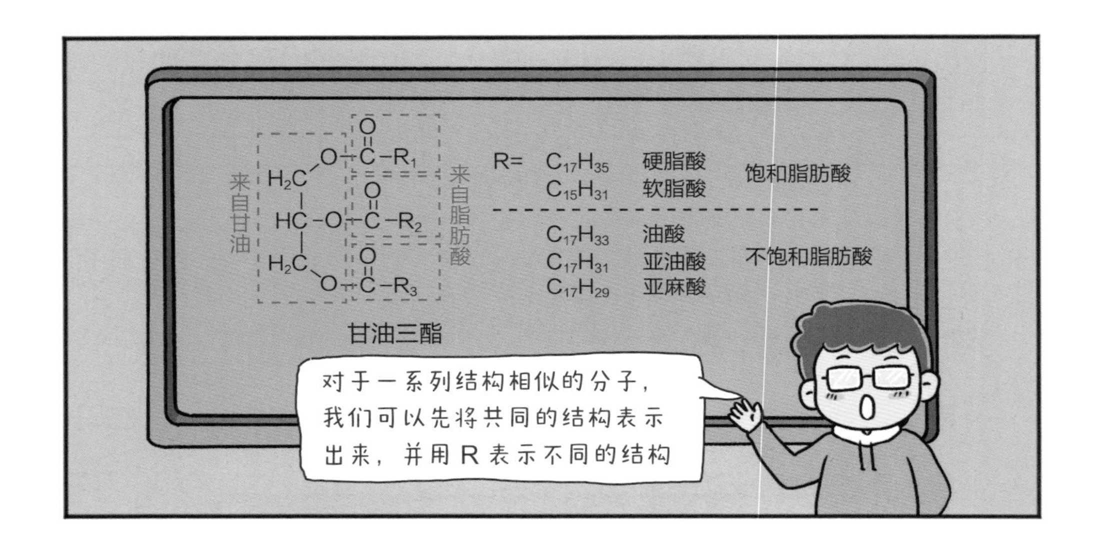

不饱和脂肪酸容易被氧气氧化，生成一些醛、酮类物质。这些物质具有腐败的味道，俗称“哈喇味”。因此，食用油、花生、瓜子需要密封保存，一旦出现“哈喇味”，应尽量避免食用。

油脂也是制作肥皂的原料。油脂与碱反应生成脂肪酸盐和甘油，由于前者是肥皂的主要成分，这个反应被称为“皂化反应”。另一种产物甘油在化妆品中具有润滑与保湿的功效。很多洗护产品的配料表中都含有诸如氢氧化钠、氢氧化钾的强碱，它们的作用就是与原料中的油脂发生皂化反应，从而生成具有去污能力的皂质。

糖和盐

天南海北，
菜系繁多，
五味杂陈，
众口难调。

可偏偏有一种菜席卷了大江南北，在各大菜系占有一席之地。

苏东坡为之倾倒，张爱玲为之动容。

那就是——红烧肉！！！
做个肉都把你嘚瑟成这样！

五花肉块冷水下锅，大火煮沸……
冷水

沸腾几分钟后撇去浮沫，
将肉捞出备用。

真正的红烧肉才不
屑用酱油调色，
而是使用
糖色！

起锅烧油。
按油糖比 1:3 的
比例加入冰糖。
糖也慢慢
化掉了耶…

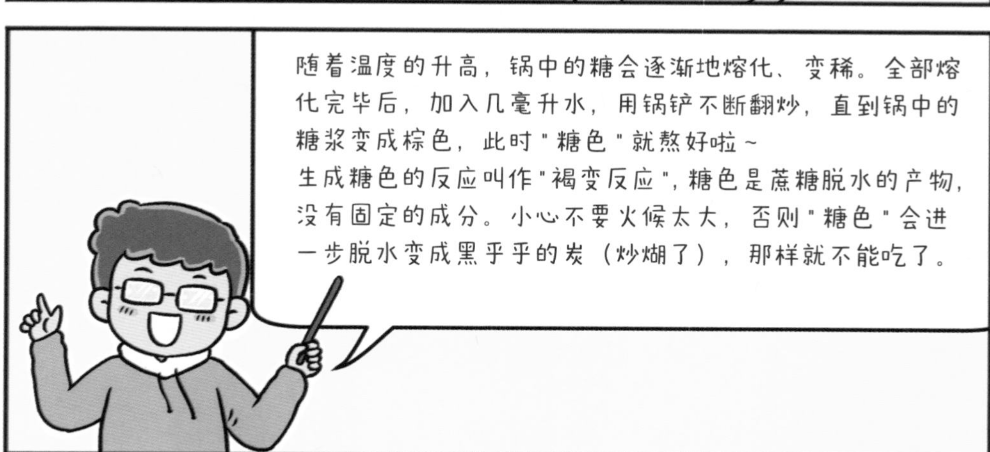
随着温度的升高，锅中的糖会逐渐地熔化、变稀。全部熔化完毕后，加入几毫升水，用锅铲不断翻炒，直到锅中的糖浆变成棕色，此时"糖色"就熬好啦~
生成糖色的反应叫作"褐变反应"，糖色是蔗糖脱水的产物，没有固定的成分。小心不要火候太大，否则"糖色"会进一步脱水变成黑乎乎的炭（炒煳了），那样就不能吃了。

将焯好的肉块下
入锅中迅速翻炒，

让肉块均匀地
沾满糖色。

在锅中迅速加
入2大勺料酒，
料酒

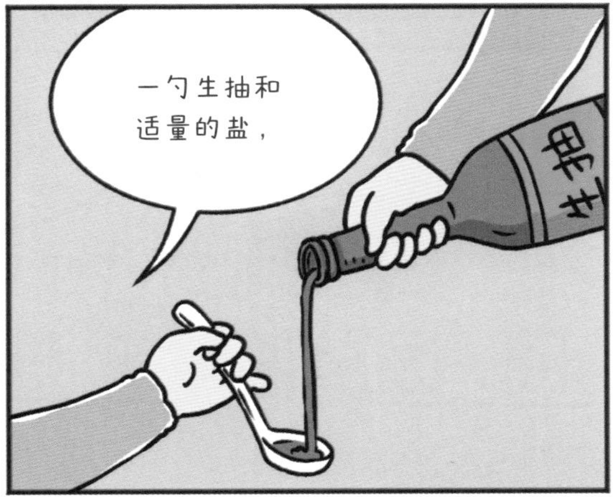
一勺生抽和
适量的盐，

搅拌均匀再倒入
刚才焯肉的水将
肉块淹没。

最后在锅中放入八角、
桂皮、香叶与葱段。
八角
桂皮
香叶
葱

厨房中用的糖与我们平时吃的糖都是蔗糖。蔗糖加热至 185℃就会熔化并发生褐变，转化为棕黑色的焦糖。焦糖爆米花、焦糖布丁的制作就是用的这个原理。“焦糖色”是经蔗糖褐变得到的一种食用色素，在酱油、陈醋、糖果中均有添加。可乐的黑色也来自于焦糖色。

化学中定义的糖是指一类有机化合物，也称碳水化合物，通式为 $C_x(H_2O)_y$。其结构比较复杂。除蔗糖之外，葡萄糖、果糖、淀粉与纤维素都属于糖类物质。

蔗糖（$C_{12}H_{22}O_{11}$）：
蔗糖的名字来源于甘蔗，是最常见的糖。我们平时吃的红糖、白糖、冰糖主要成分都是蔗糖。

果糖（$C_6H_{12}O_6$）、葡萄糖（$C_6H_{12}O_6$）：
水果、蜂蜜中含有果糖，葡萄汁中还含有葡萄糖。可乐中使用的“果葡糖浆”是果糖与葡萄糖的混合物。我们常说的“血糖”就是葡萄糖，它是所有复杂糖类的直接消化产物。
尽管果糖与葡萄糖化学式相同，但由于分子内原子组合与连接顺序不同，它们仍然是两种不同的化合物。

淀粉、纤维素：
淀粉、纤维素都属于复杂的糖类，由若干葡萄糖单元组成。米饭、土豆中富含淀粉，柿饼、地瓜干表面起的白霜主要成分也是淀粉。
植物的茎叶中含有较多纤维素，纤维素无法被人体消化吸收，但在促进肠道蠕动方面具有积极的作用。

糖是甜蜜的象征，但并不是所有的糖都是甜的。不同种类的糖味道不同，科学家一般用“甜度”衡量物质有多甜：

物质	甜度
果糖	150
蔗糖	100
葡萄糖	70
麦芽糖	40
乳糖	30
淀粉、纤维素	0

不过，甜的物质不仅仅是糖，很多代糖不但具有甜味，并且甜度高得厉害。因此这类物质只要很少量添加就可以使饮料达到正常的甜度。代糖的使用在维持口感的同时避免了能量摄入过剩的问题。

物质	甜度
纽甜	1,000,000
三氯蔗糖	60,000
糖精钠	35,000
阿斯巴甜	20,000
甜蜜素	5,000
蔗糖	100

做肉菜时加入糖能产生特殊的香气，这是由于糖与氨基酸、蛋白质发生了美拉德反应，产生了一种叫做糖胺的物质。随着食品工业的发展，人们已经可以在食品工厂实现美拉德反应，合成不同风味的调味品，让每个人无需刻意练习就能成为大厨。

说完糖，我们再说说盐。

食盐就是氯化钠 (NaCl)，被誉为百味之首。“走遍天下娘好，吃遍天下盐好”，能将盐与亲妈相提并论，可见盐在菜肴中的重要性。

如果你认为盐只有咸味，那就错了。俗话说：“要想甜，加点盐”。糖与盐具有协同效应，也就是说，糖水中少量加盐会显著提高糖的甜度。这个原理被广泛应用于制作奶盖、月饼和汤圆的馅料。无独有偶，味精的鲜味必须加盐才能显现出来，市售味精一般都会加 10%~20% 的盐。

盐的作用不仅是美味，它在维持血液的渗透压、控制神经肌肉兴奋和细胞膜通透性方面具有重要意义。盐是必须的营养物质，长期缺盐会导致肌肉无力，甚至产生不可预料的后果。歌剧《白毛女》中的女主角喜儿长期躲在寺庙靠供果为生，长期缺盐使她的头发变成白色，阴差阳错地变成了地主老财们惧怕的“白头仙姑”。除了人类，动物对盐也是情有独钟。放牧时，牧民在草场上放几块盐砖，牛羊便会主动舔食；野外的蝴蝶喜欢聚集在干涸的河床，甚至冒险停在人和动物的身上，这也是为了吸取宝贵的盐分。

由于食盐“刚需”的属性，没有任何一种化合物比盐更具有政治意义，围绕食盐的斗争也层出不穷。电影《闪闪的红星》中，国民党切断中共苏区的盐路妄图逼死红军，少年英雄潘冬子把棉袄浸满盐水后晾干并披在身上，才将宝贵的盐送到了中共苏区。20 世纪 30 年代，英国在印度殖民地颁布《食盐专营法》，对食盐课以重税，直接导致甘地的“非暴力不合作运动”，史称“食盐进军”。

除了氯化钠，市售食盐一般还加入少量食品添加剂。市售的食盐中都会添加碘酸钾（KIO_3）实现全民补碘。精制的细盐中还会加入微量亚铁氰化钾，其作用是防止精盐吸潮结块。

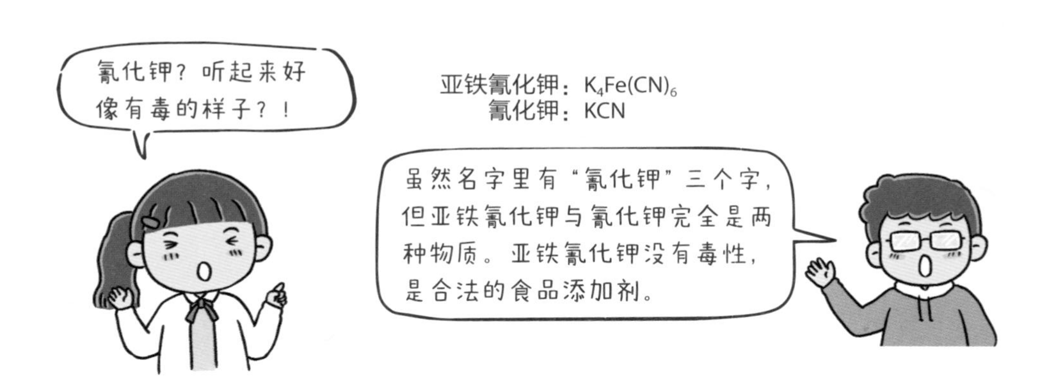

NaCl 超量摄入是引发高血压的元凶之一。中国营养学会建议，成年人每人摄入的 NaCl 应不超过 6g。如果有慢性肾病、高血压等症状，每日摄入量应不超过 3g。按照这个标准，大多数国人的摄入都是超标的，这与长久以来“重口味”饮食习惯有关。如果想控制食盐的摄入量，可以购买“限盐勺”，每顿饭按量添加。

知道啦老爸，您怎么这么较真呢？
不能以偏概全，影响了苏轼饭店的口碑。天下食客乃我辈衣食父母，我吃的盐比你两个吃的饭都多，怎能不懂谨小慎微、祸从口出的道理……

……

不少长辈在教育小孩子时会说“我吃的盐比你吃的米都多”。
人的一生能吃多少盐呢？假设一个人的寿命是100岁，且每天能吃6 g盐，一生共吃掉6×365×100≈220 kg盐。假使这些盐换算成米的重量，大约够一个小学生吃2~3年。

从化学的角度来讲，盐类物质并不仅局限于氯化钠，而是范围宽广的一大类物质。实际上，大多数离子化合物都可以称之为盐。盐的味道与离子种类有关，氯化钠的咸味最纯正，阴阳离子越接近氯和钠，味道就会越咸，反之则越苦。苦味会警告人类或动物不要去吃奇奇怪怪的物质，因为这些物质大抵对身体没用，甚至是有毒的。

氯化钾（KCl）：
与氯化钠味道最接近，但咸度偏淡。市售低钠盐一般是 30% 氯化钾与 70% 氯化钠的混合物，在一定程度上能够预防高血压。

氯化钙（$CaCl_2$）、氯化镁（$MgCl_2$）：
有明显的苦味，海水的苦味就来自于这两种物质。含钙、镁离子较多的盐卤能够使豆浆聚沉，从而制作美味的豆腐。

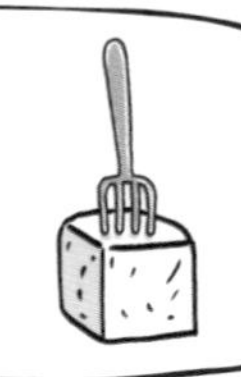

小苏打（碳酸氢钠 $NaHCO_3$）、纯碱（碳酸钠 Na_2CO_3）
这两种物质都有少量咸味。碳酸氢钠味道苦涩，是苏打水的后味。碳酸钠还有较强的碱味，“大碱馒头”中的碱味就来自碳酸钠。

硫酸镁（$MgSO_4$）、硫酸铜（$CuSO_4$）：
这两种物质味道极苦，在医学上多用于催吐。

小实验　**哪些食物中含有淀粉**

实验用品

试管（或其他容器）、碘伏、滴管、棉签和馒头、土豆等食材。

实验过程

1. 将馒头、土豆等碾碎，用温水浸出汁液，分别放入不同试管中。
2. 另取一支试管，滴入几滴碘伏，加几滴水稀释。
3. 用滴管取稀释过的碘伏，分别滴入几支试管中，观察试管内颜色的变化。

实验原理

碘遇淀粉会变蓝，故可以用碘检验食物中是否含有淀粉。

小实验　**自制糖葫芦**

实验材料

山楂、山药、竹签、冰糖、烘焙纸、不粘锅等。

实验步骤

1. 将山楂洗净去蒂、去核，山药去皮蒸熟，用竹签串好。
2. 不粘锅中加入 10 粒冰糖，中火加热。
3. 冰糖熔化，变黄后转小火，加入少量水，用锅铲不断搅动。
4. 等冒泡速度明显变慢时，用山楂蘸满熔化的糖，将糖葫芦放在烘焙纸上冷却。

实验原理

冰糖的主要成分是蔗糖，蔗糖受热会熔化并发生褐变反应变黄。

08

老妈的素食风暴

从食物中获取维生素

爸爸不在家，妈妈应该在房间休息。

厨房
厨房重地
闲人免进
有人？

妹啊！别吃了你都吃三根雪糕了。

嘘~~~哥，你小声点。
大白天，你躲在厨房里干什么？

苏雪，快过来吃饭。天天吃破雪糕，有什么营养？
都赖你，我又得挨训了！

老妈的菜一点儿
油水都没有！
炒番茄
炒胡萝卜
炒菠菜

小白兔，
白又白，
两只耳朵
竖起来，
爱吃萝卜和青菜，
蹦蹦跳跳真可爱！

小雪，多吃胡萝卜
有营养。
小雪的碗

小雪，多吃菠菜
有营养。

小雪，多吃
番茄有营养！

老妈口口声声说的“营养”指营养素。实际上，营养素的范围非常广，包括糖类、脂肪、蛋白质、水、无机盐与维生素。一些物质前面已经介绍过了，这里重点讲维生素。维生素也称维他命，是一类复杂的有机化合物。它们不构成人体细胞、不为人体提供能量。但在人体生长、发育、代谢中起到重要的调节作用。

维生素结构复杂，种类繁多。总体上说可分为五个大族，分别具有不同的功能：

维生素族群	主要化合物	主要作用
A	视黄醛	与视力相关
B	硫胺素 (B1)、核黄素 (B2)、烟酸 (B3)、泛酸 (B5)、吡哆素 (B6)、生物素 (B7)、叶酸 (B9)、氰钴胺素 (B12)	与能量代谢相关
C	抗坏血酸	抗氧化
D	钙化醇	促进骨骼生长
E	生育酚	抗氧化、与生育相关

经常出现一种维生素叫好几种名字的情况。这与科学发展史、同一种化合物的不同功能有关系。比如说，生物素被称为维生素 H、辅酶 R。之后的研究发现，生物素属于 B 族维生素，故命名为维生素 B7。

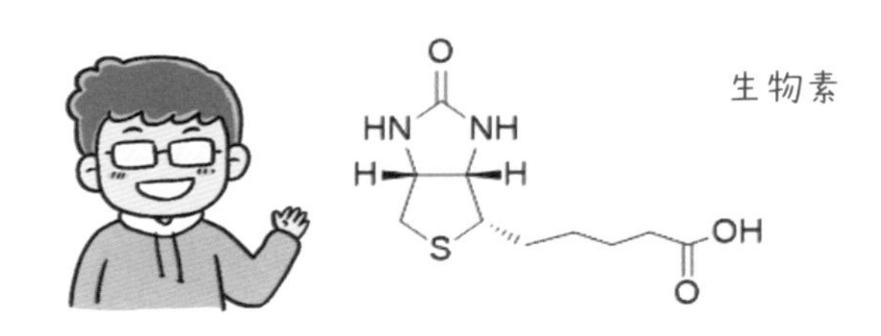
生物素
O
HN
NH
H
H
S
OH
O

维生素 B 怎么冒出来这么多物质？

人们发现维生素 B 并不是一种化合物，而是十几种物质构成的家族。他们像一支足球队一样共同完成任务，彼此相辅相成、相互配合，又缺一不可。

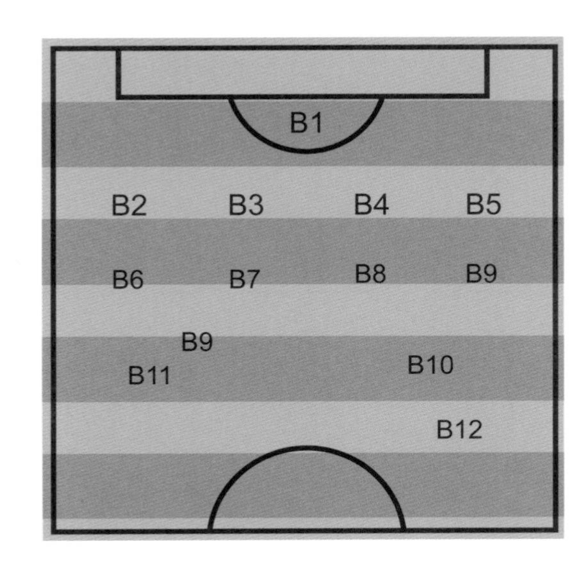
B1
B2
B3
B4
B5
B6
B7
B8
B9
B9
B11
B10
B12

维生素族群	相关食物	缺乏导致疾病
A	胡萝卜（胡萝卜素能转化为维生素A）、玉米、动物肝脏	夜盲症
B	糙米、粗粮、豆制品、瘦肉	肌肉无力、记忆减退、皮炎
C	柠檬、橘子、番茄、新鲜蔬菜	牙龈出血、免疫力低下
D	鱼类、动物肝脏、牛奶	缺钙、骨骼发育异常
E	猕猴桃、菠菜、卷心菜、瘦肉、鸡蛋、牛奶	生育障碍、皮肤老化

伟大的船长麦哲伦亲率船队环游地球。虽然航行宣告成功，却付出了惨重的代价。

水手们患上奇怪的“水手病”，他们身体虚弱，牙龈不停流血，严重的还会丧命。

这种症状被称为“坏血病”，麦哲伦的船队中，2/3 的水手因坏血病失去生命。

奇怪的是，一旦水手登陆，坏血病就会奇迹般痊愈，人们认为坏血病正是“海上恶魔”作祟。

英国船医林特发现，坏血病与船上食品结构有关。长期以来，水手以面包、腌肉为食，缺乏新鲜蔬菜、水果摄入。

后来，船队从荷兰商人的货船上买了柳橙与柠檬。林特医生用这些水果治疗病人，坏血病就被治好了。

后来，防止坏血病的物质被研究出来，被命名为“抗坏血酸”，也就是维生素 C。

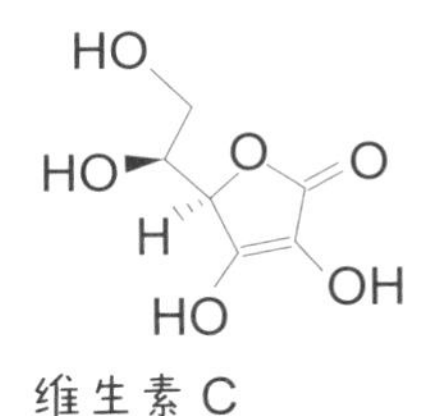

维生素 C

膳食宝塔

哥，你说这些不是坑我吗？

啊，再也受不了啦，好难吃！
能不能想到一些对我们有利的化学知识，好改善一下伙食。
咕噜~

你们两个熊孩子，不好好吃饭，
鬼鬼祟祟地做什么？

妈，其实肉蛋奶也含有很多必要维生素。

就算没有肉，做蔬菜，也不至于一点儿油也不放吧？

还放油、放糖，小心患上三高。
高血脂
高血糖
高血压

油脂、盐类、糖类的过多摄入会引起高血脂、高血压、高血糖等代谢疾病，然而物极必反，不摄入油脂并不等于健康饮食。
科学合理的食物搭配可以参考中国居民膳食宝塔，其中指出每日油脂摄入量应控制在 25~30 g。

中国居民平衡膳食宝塔（2022）

盐	<5 g
油	25~30 g
奶及奶制品	300~500 g
大豆及坚果类	25~35 g
动物性食物	120~200 g
——每周至少 2 次水产品	
——每天一个鸡蛋	
蔬菜类	300~500 g
水果类	200~350 g
谷类	200~300 g
——全谷物和杂豆	50~150 g
薯类	50~100 g
水	1500~1700 mL

水溶性与脂溶性

维生素分为“水溶性”与“脂溶性”，这两个概念与溶液相关概念有关。

一种物质如果能够均匀分散在另一种物质中，所形成的混合物被称为溶液。我们通常说的溶液一般都是液体，其中被溶解的物质称为溶质，用于分散溶质的物质被称为溶剂。

溶液是均匀、稳定且透明的，比如说糖水、盐水、醋精、碘酒，他们不会因为久置而分层。像油醋汁、淀粉糊这样的不相溶的混合物被称为浊液，浊液久置会分层或沉淀。

将有效成分分散在溶液中非常有用。例如，精油、辣椒、芥末中的香料即使很少量使用效果就非常明显，将它们稀释成溶液使用比直接使用更方便。氯化氢（HCl）、氨（NH_3）、乙炔等气体物质直接运输很危险，将它们溶解后方便运输与使用。另外，在溶液中进行的化学反应要比固体更快一些。

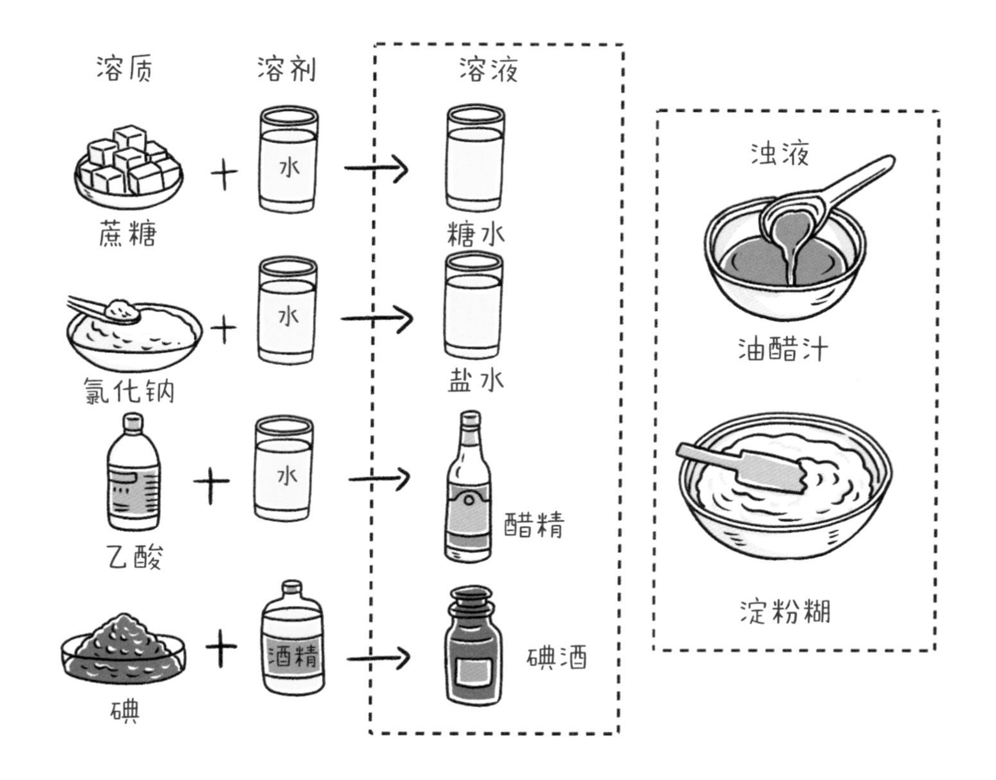

物质溶解形成溶液的过程没有新物质生成，因此不是化学变化。这意味着，我们可以通过一些手段将溶质原封不动地从溶液中分离回来。

回收溶质简便的方式是将水蒸干。在海边的盐场，海水经过暴晒蒸发，就能得到白花花的粗盐。

改变温度也可以使溶质分离。烧水时，容器内壁最先产生的小气泡是水中溶解的空气，这是由于气体的溶解度随温度升高而降低。炎热的夏季水中的鱼经常浮在水面呼吸也是由于氧气溶解度降低造成了缺氧。一般来说，固体的溶解度会随温度的降低而降低。我国中西部很多碱湖在冬季会结晶出碳酸钠固体，故有“冬天捞碱，夏天晒盐”的说法。

尽管没有刻意介绍，我们在前几章已经多次使用溶解能力相关概念。例如：氧气难溶于水而二氧化碳能溶于水、油难溶于水而糖和盐能溶于水、碘难溶于水却易溶于酒精……

溶质的溶解能力与溶质、溶剂的性质都有关。水是最廉价、最常用的溶剂；对于不溶于水的物质，也可以用酒精、植物油溶解。上一章曾指出许多物质更易溶于酒精；花椒、辣椒、芥末中的香料也更容易溶在油中，所以一般都用植物油炸制或浸制。

我们称易溶于水为“水溶性”、易溶于油为“脂溶性”。维生素 B、C 属于水溶性维生素，而维生素 A、D、E 属于脂溶性维生素 (胡萝卜素也是脂溶性的)。加入油脂有利于脂溶性维生素的溶出，更好被人体吸收。

前面讲的乳化剂兼有水溶性与脂溶性的特点。因此能将水和油混成一体。

漆有“脂溶性”与“水溶性”的区别。脂溶性漆被称为“油漆”，水溶性漆被称为“水性漆”。
油漆必须使用油性稀释剂稀释，水性漆用水稀释即可。
油性稀释剂气味、毒性较大。正在逐渐被水性漆取代。

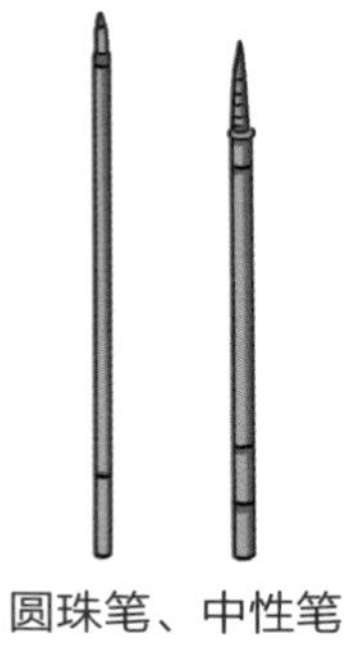

圆珠笔、中性笔的笔芯

笔也有“水性”“油性”的区别。
钢笔是常见的水性笔。水性笔的墨水溶剂是水，比较稀，所以出水顺畅。但水性笔的字迹一旦碰水就会被溶解掉。
圆珠笔属于油性笔。油性笔使用黏稠的油墨，所以流速比较慢，还经常容易堵塞。油性笔的好处是字迹不容易被水溶解或擦掉。
我们常用的中性笔油墨性质介于二者之间，兼具二者的优点。

胡萝卜中富含脂溶性的胡萝卜素。
胡萝卜与肉类一起烹饪更有利于人体对胡萝卜素的吸收。
从而为人体补充宝贵的维生素A。

所以嘛~看我把水煮胡萝卜改造成一道更科学的菜。
更科学？
????

生牛腱切块焯水后捞出，
捞出

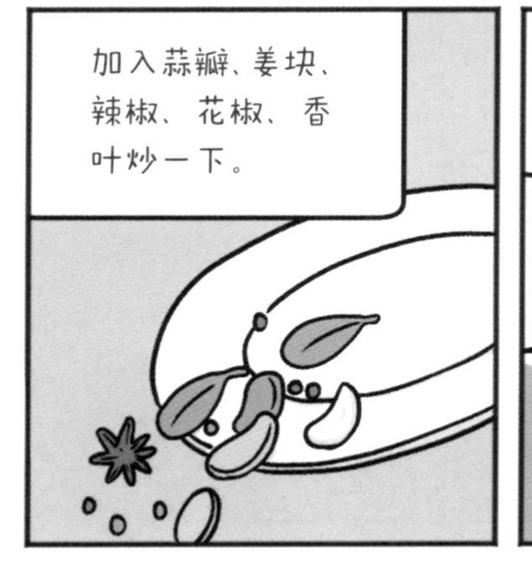
加入蒜瓣、姜块、辣椒、花椒、香叶炒一下。

炒出香味后加水烧开。

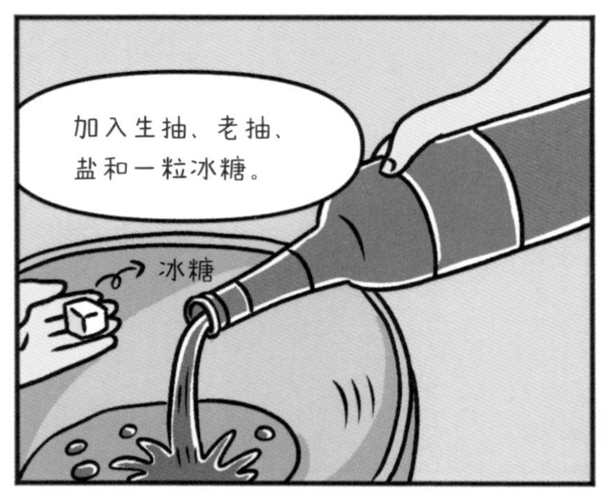
加入生抽、老抽、
盐和一粒冰糖。
冰糖

盖上锅盖小火煮
40 分钟。

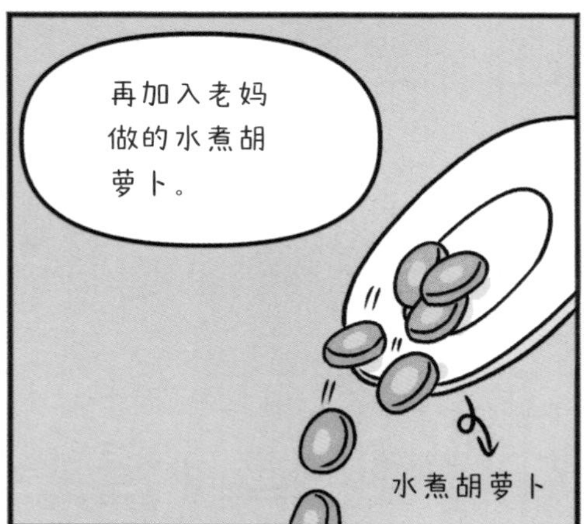
再加入老妈
做的水煮胡
萝卜。
水煮胡萝卜

再炖20分钟。
营养又美味
的菜肴就改
造好啦~
诶诶?
哇~

我回过神了，你说
的“更科学”就是
往里面加肉啊!
妈！息怒！
膳食宝塔！
膳食宝塔！

唉，看来我的素
食风暴刚实施就
失败了。

小实验　厨房里的相亲相溶

实验材料

食盐（或白糖）、食用油、水、白酒、透明容器、红色水笔、白纸。

实验步骤

1. 取两个透明容器分别装入食盐，分别注入水和食用油搅拌。可以观察到食盐溶解到水中，而无法溶解到食用油中。
2. 将食用油倒入刚才的水中搅拌，静置一段时间可以发现，食用油和水仍然无法溶解，油会浮在水的上面。
3. 用红色水笔在白纸上写几个字。字迹干后分别用水和白酒涂抹，观察到白酒溶解字迹的能力更强。

实验原理

食盐、白糖是水溶性的，在水中的溶解性更好；植物油、染料是脂溶性的，在水中的溶解性不好。

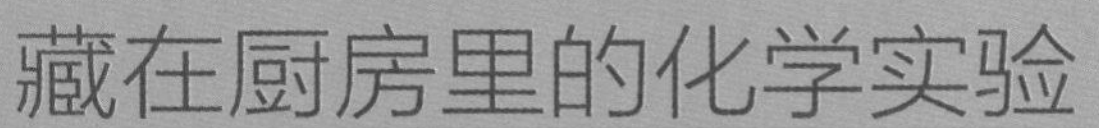

终章

拥抱美好的未来

周日历
27 28 29 30
31 1 →开学
9月

妈竟然把两个行李箱都装满了……

宝贝儿子，
再给你装点儿东西。
衣架、肥皂、充电宝、洗衣液、数据线……

妈，都跟您说了，这些东西不用带了，在大学都能买到。
在家千日好，出门万事难。外面的东西比得过家里？

这是你爸给你做的牛肉干，到学校记得和舍友分着吃。
牛肉干
知道了，您就放心吧！

到了学校，一定要谦虚，不要逢人就说自己是金牌……
妈，我都知道了……

铃铃！
喂，孩儿爸咋突然来电话？
呼呼……

你爸还是不放心你自己走，准备开车送你去机场。
啊，不是说不用麻烦老爸了吗？

你爸已经把卡车开到楼下了。苏雪也跟着一起去送你。
NO! NO! NO!

汽油是汽车的粮食，汽车中的内燃机燃烧汽油，并将热量转化为动力。
虽然都称为“油”，汽油与油脂的组成与性质却区别很大。汽油是从石油中分离出来的。石油是一种黑色焦油状液体，是远古动植物的尸体经过亿万年地质演化得到的。

从地下开采到石油会被送入炼油厂。在那里石油将被加热气化，石油蒸汽通入分馏塔，让蒸汽在不同温度下顺次冷凝，可以得到不同沸点的成品油。

除汽油外，石油中还能分离出石油气、煤油、柴油、石蜡油和沥青。它们各自具有重要的用途。

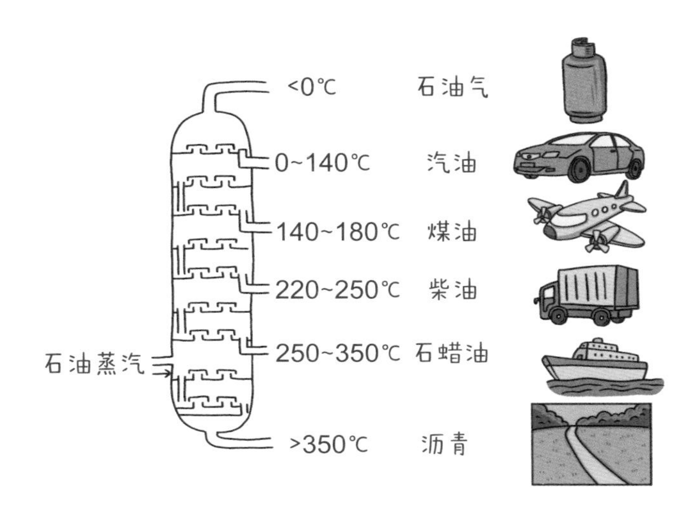

炼油厂还能将石油进一步裂解为乙烯、丙烯与苯等石化产品。这些化学品会进一步合成为塑料、橡胶与合成纤维。

汽油在发动机中并不是时刻在燃烧，而是以：吸入油气—压缩油气—点火燃烧—排出尾气的步骤循环进行，被称为“四冲程”。

不过，燃料可不一定“听话”地服从“四冲程”。压缩的过程中燃料可能会“擅自行动”，未经点火就开始燃烧。这种现象被称为“震爆”。震爆现象会损害发动机，甚至造成发动机反转。

汽油的编号衡量汽油的“听话程度”，编号越大，越不会“擅自行动”地自燃，越不容易发生震爆现象。

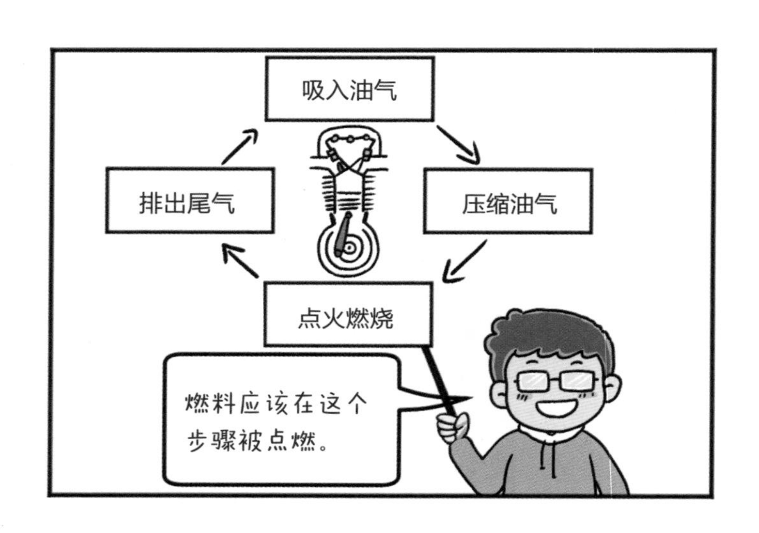

我明白了！爸，咱别加 92 号了，我们去加更“听话”的 95 号油吧！
汽油编号并不是越大越好，大编号的汽油虽然更难自燃，但点火时也更不容易点燃。
总之，要按照发动机要求加相应规格的汽油。
柴油0#
哥，你看柴油的编号是 0 诶！
卡车、大货车使用的是柴油发动机。与汽油不同，柴油的编号对应凝固点。0 号柴油指的是“0℃就会凝固的柴油”

哥，你没带
飞机票吧？
轰隆隆——
我的老妹，
飞机不需要
拿飞机票，

都是拿身
份证换登
机牌。

行李托运
A01
A02
在这里！我
们在这儿换
登机牌！
很高兴为
您服务！

先生，很抱歉，
您托运的行李
超重了。
哔哔哔！
超重

需要额外缴纳
行李托运费。

老婆，你咋给
孩子带那么多
东西？

孩子一个人能
拎动吗？
哼！
妈，咱还是往
外拿点儿吧
哼哼，让你在
加油站使劲说
我……

笔记本电脑、
充电宝是不可
以托运的呢，
请把行李里
的这些物品
取出来。

超重就算了，
充电宝凭什
么不让带？

充电宝、笔记本电脑不允许托运是因为里面含有锂电池。充电宝靠内部并联的锂电池储存电能，再通过电路板调制电压并将电能输出给用电器。

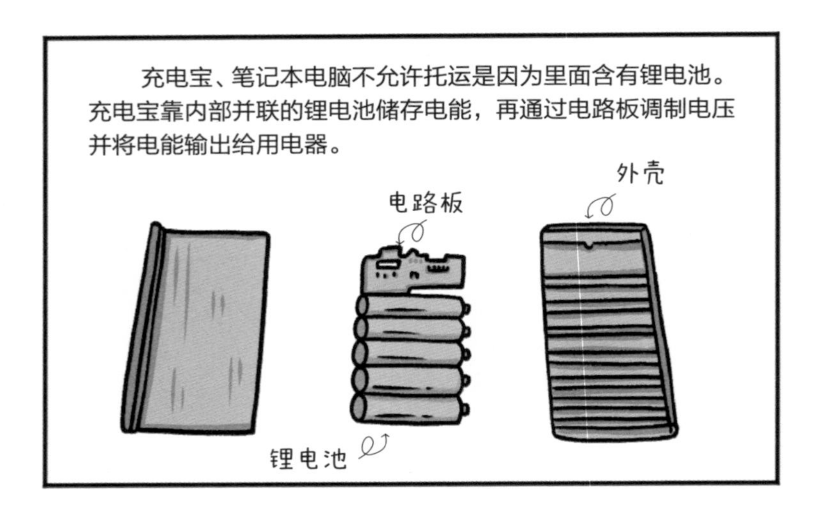

电池是一类能将化学能转化为电能的装置，在生活中非常常见。

电池正极、负极中的化学物质能够发生化学反应，这个化学反应能产生一个电势差，原子中的电子在这个电势差的驱使下发生定向移动，于是就有了电流。正因为电池的发明，才使我们能够随时随地使用移动电子设备。

电池分为一次性电池和可充电电池：

干电池属于一次性电池，主要成分是金属锌和二氧化锰。纽扣电池也是一次性电池，主要成分是金属锌和氧化银。一次性电池不能用来充电，否则会有爆炸的危险。

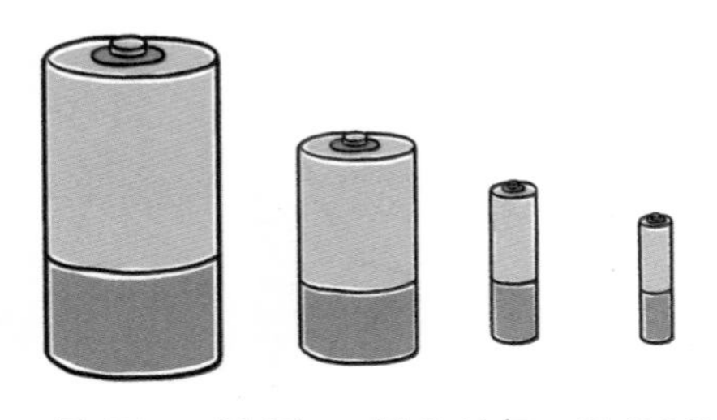

1 号 (D)、2 号 (C)、5 号 (AA) 与 7 号 (AAA)
电池的电压都是 1.5V。

纽扣电池
每块电压在 1.5~3.7V 不等。

可充电电池有镍镉电池、镍氢电池、铅酸电池与锂电池。这些电池可以反复充电使用。进入 21 世纪，锂电池发展速度极快。手机、笔记本电脑、充电宝、电动汽车中都含有锂电池。

锂电池中封装着危险的金属锂。这种物质极易燃烧，遇到水还会放出可燃性的氢气，甚至发生爆炸。托运的行李难免挤压与碰撞，一旦锂电池受压损坏，金属锂漏出来，后果将不堪设想。因此飞机上充电宝不允许托运，只能随身携带。

太阳能电池：单晶硅
钢化玻璃：二氧化硅材料
机场显示屏：液晶材料
离开了厨房，化学在生活的方方面面也都大有作为，为我们提供了极大的方便与保障。
座椅靠垫：合成纤维

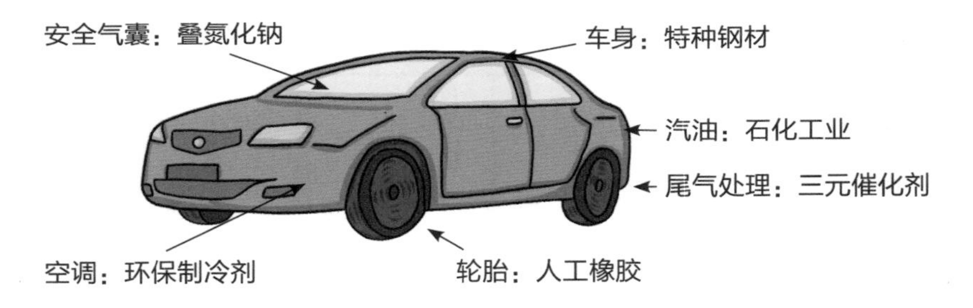
安全气囊：叠氮化钠
车身：特种钢材
汽油：石化工业
尾气处理：三元催化剂
空调：环保制冷剂
轮胎：人工橡胶

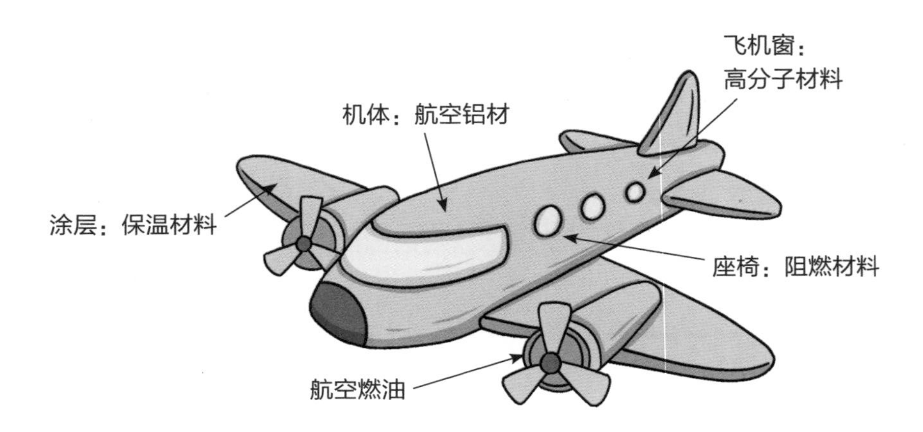
飞机窗：高分子材料
机体：航空铝材
涂层：保温材料
座椅：阻燃材料
航空燃油

未来我不仅会学习更多化学知识，也会研究更先进的化学技术。让化学带我们拥抱更美好的未来吧！

嗯嗯，苏雨你不仅是我家未来的希望，更是全人类未来的希望。

前往北京的旅客请注意，您乘坐的XXXX次航班已经开始登机……

嗯，对了，你的化学笔记本还在我书包里，现在我把它还给你。
哥哥，要上飞机啦！

这段时间真的学到了好多，谢谢你，哥哥！
苏雨，路上注意安全，下飞机给爸妈来电话。
爸爸做的牛肉赶紧拿着，你看你差点儿又忘了……
嗯嗯，爸妈你俩也保重……
化学
牛肉干

拜拜！
拜拜！

登机口
妈妈，您怎么了？
没事儿，没事儿……

妈妈，您不用难过。
就算哥哥不在家，
您女儿还会陪您。

等我上大学了，哥
哥也该毕业回来了。

如果我和哥哥
以后都留在了
北京，
我们就把你俩接过
去，让苏轼饭店在
北京重新开张。

小实验　**水果电池**

实验材料

一个柠檬（苹果或土豆）、一段铜丝、白铁皮（或镀锌的铁钉）、两根导线、一个小型 LED 灯（或电压表）、小刀。

实验步骤

1. 用刀在水果上划出两个 1cm 深的小口，两个小口之间的距离尽量近一些（1cm 以内）
2. 分别将铜丝、白铁皮插入两个小口中，注意金属要与水果汁液充分接触。
3. 用导线分别将铜丝、白铁皮与 LED 灯或电压表的正、负端相连（注意正负顺序不要弄反），可以观察到 LED 灯发光或电压表指针的偏转。

实验原理

白铁皮上的镀锌能与水果中的成分发生化学反应并转化为电能。

附录

苏雪的化学笔记

第一章

1. 宏观物质是由微观粒子构成的。微观粒子包括原子、分子、离子等。

2. 分子是保持物质化学性质的最小微粒，分子是原子构成的，原子在化学反应中不可拆分。

3. 宏观上看，化学变化（化学反应）是有新物质生成的变化。

微观上看，化学变化是分子拆分成原子，原子再重新组合成分子。

4. 原子由原子核和电子构成。原子核带正电，电子带负电。

原子的质量几乎都集中在原子核上，电子的质量可以忽略不计

原子核中包含质子和中子，它们质量几乎相等，质子带正电，中子不带电。

		带电量	质量
原子核	质子	+1	1
	中子	0	1
电子	电子	-1	0

5. 原子中的电子分层排布，离原子核越远，电子层中容纳的电子数越多。

第 n 层能容纳的电子数为 $2n^2$。

6. 向电子层中填充电子的原则是：先填能量低的内层，内层排满后，再顺次向外填能量高的外层。

7. 由原子构成物质有三种途径：

a. 原子直接构成物质。（金属、稀有气体等）

b. 原子先结合成分子，再由分子构成物质。（例如：水、氧气）

c. 原子先电离成离子，再由离子构成物质。（例如：氯化钠）

8. 最外层电子数若为8，则微粒处于相对稳定结构，这叫做八隅体规则。不过第一层是例外，它只需要有2个电子就可以了。

9. 稀有气体元素包括氦（He）、氖（Ne）、氩（Ar）、氪（Kr）、氙（Xe）。这些原子最外层电子数为8（He为2），天然属于稳定结构。故这些物质化学性质十分稳定，极难发生化学反应。

10. 靠最外层电子得失而形成的带电的微粒被称为离子。形成离子是满足八隅体规则的方式之一。带正电的阳离子与带负电的阴离子能够形成离子化合物，如氯化钠（NaCl）。

11. 靠最外层电子共用而形成的中性微粒被称为分子。形成分子也是满足八隅体规则的方式之一。水（H_2O）、氧气（O_2）都是由分子构成的

第二章

1. 化学用语包括：元素符号、化学式、化学方程式。

2. 元素指原子核内质子数相同的一类原子的总称。同种元素的原子，化学性质可视为完全相同。

3. 化学式用元素符号和数字的组合表示物质组成的式子。化学式描述分子中原子的种类与数目。对于离子构成的物质，化学式则描述阴阳离子的比例。

即使分子内部原子种类与数量都相同，也可能由于原子组合方式的不同造成差异，形成不同的分子。

4. 化学式的读法：

a. 由一种元素构成的物质称为单质，直接用元素名称命名

b. 两种元素构成的化合物，一般称为“某化某”

c. 含“原子团”的化合物（见第四章），一般称为“某酸某”

d. 很多物质还会有自己独特的名称

5. 化学方程式是用化学式来表示物质化学反应的式子。

6. 化学反应中原子既不会凭空产生，也不会凭空消失，只能从一种组合方式转化为另一种组合方式。因此化学方程式等号前后每种原子数目相等。

第三章

1.空气中是混合物，包含78%的氮气（N_2）、21%的氧气（O_2）、1%的稀有气体，还有0.03%的二氧化碳（CO_2）

2.氧气是一种无色气体，难溶于水，密度大于空气。能供给呼吸和燃烧。

3.大多数金属与非金属的单质都能与O_2发生反应，生成对应的氧化物。这一类反应可表示为：单质$+O_2$ $=\!=\!=$ 氧化物。

4.化合价是元素在形成化合物时表现出的一种性质。化合价与元素相互化合时反应物原子的个数比有关。化合价数值越高，能结合其他原子的数目就越多。

化合价分“正价”与“负价”，化学式中所有原子化合价之和为0。

单质中元素化合价为0

不少元素具有多种化合价。

5.从剧烈程度上说，氧化可分为燃烧和缓慢氧化。

燃烧是发光、放热的剧烈化学反应。燃烧需要同时具有可燃物、助燃物（一般是氧气）、达到着火点以上这三个要素。灭火的策略也要从这三要素入手。

缓慢氧化是物质与O_2缓慢进行的化学反应，没有温度的要求。

6.锅中着火正确的灭火方式是盖上锅盖并关闭燃气，而不能浇水。

7.过氧化氢分解是产生氧气的常见方式，化学方程式为：$2H_2O_2 \xlongequal{MnO_2} 2H_2O+O_2\uparrow$

8.催化剂能够显著提高化学反应进行的速度，催化剂的质量和化学性质在化学反应前后都不发生变化。

第四章

1. 酸是电离后阳离子都是 H^+ 的化合物，碱是电离后阴离子都是 OH^- 的化合物。他们的电离过程可写作：酸 ══ H^+ + 酸根离子、碱 ══ 金属阳离子 + OH^-

2. 工业中常用的强酸有盐酸（HCl）、硫酸（H_2SO_4）、硝酸（HNO_3）。碳酸（H_2CO_3）、醋酸（CH_3COOH）则是生活中常见的弱酸。

3. 工业中常用的强碱有氢氧化钠（NaOH，俗称烧碱、火碱、苛性钠）与氢氧化钙（$Ca(OH)_2$，俗称熟石灰）。纯碱是碳酸钠（Na_2CO_3）的俗称，它属于盐类物质。

4. 酸与碱能发生中和反应，其本质是 H^+ 与 OH^- 反应生成水（H_2O）。剩余的金属阳离子 + 酸根离子的组合被称为盐。这类反应可写作：酸 + 碱 ══ 盐 + H_2O

5. pH 值衡量水溶液的酸碱性。pH<7 呈酸性，pH>7 呈碱性，pH=7 呈中性。pH 值可以用 pH 试纸测量。

6. 指示剂是一类化学物质，能根据化学环境不同显示不同的颜色。植物中的花青素是天然的酸碱指示剂。实验室常用石蕊（一种植物）提取物做酸碱指示剂，其在酸性条件下显红色，碱性条件下显蓝色。

第五章

1. 石墨与金刚石都是碳元素构成的单质。像这样元素种类相同、由于原子排列方式不同而形成的不同单质，被称为同素异形体。

2. 石墨与金刚石物理性质的巨大差异来自二者原子排列方式不同。这叫做“结构决定性质”。由于性质的差异导致二者应用领域的不同，叫做“性质决定用途”。

3. 碳单质在氧气充足的条件下燃烧生成二氧化碳（CO_2），在氧气不足的条件下燃烧生成一氧化碳（CO）。化学方程式为：$C+O_2$（充足）$\xlongequal{点燃} CO_2$、$2C+O_2$（不足）$\xlongequal{点燃} 2CO$

4. 二氧化碳（CO_2）是一种无色气体，密度大于空气。CO_2 本身无毒，但不能支持呼吸。二氧化碳能溶于水形成碳酸（H_2CO_3），化学方程式为：$CO_2+H_2O = H_2CO_3$。碳酸加热会分解，重新转化为二氧化碳，化学方程式为：$H_2CO_3 \xlongequal{\triangle} CO_2+H_2O$

5. 一氧化碳（CO）是一种无色气体，有剧毒，难溶于水。一氧化碳可以燃烧，化学方程式为：$2CO+O_2 \xlongequal{点燃} 2CO_2$。另外二氧化碳与碳单质高温下也会生成一氧化碳，化学方程式为：$C+CO_2 \xlongequal{高温} 2CO$。

6. 碳酸氢钠（$NaHCO_3$）俗称小苏打，它可以与酸类物质反应生成二氧化碳。灭火器灭火、膨化面点的制作利用了这个原理。这一类反应可表示为：碳酸盐（或碳酸氢盐）+ 酸 $=$ 盐 $+H_2O+CO_2$

7. 碳酸氢钠受热易分解：$2NaHCO_3 \xlongequal{\triangle} Na_2CO_3+H_2O+CO_2$

8. 二氧化碳不能支持燃烧。由于 CO_2 密度比空气大，灭火器喷出的 CO_2 会下沉并将火焰周围的空气挤走。没有了氧气（助燃物），火焰自然就熄灭了。

第六章至第八章

1. 通常将含碳的化合物（除CO_2、CO、碳酸等物质）称为有机化合物。有机化合物曾一度被认为只能由生物体内合成。

2. 有机化合物的结构一般使用结构式或结构简式表示。有机化合物的性质与其中包含的“官能团”有关。简单的有机化合物的命名可用“数字＋母体”的规则表示。

3. 人体必备六类营养物质有：糖类、油脂、蛋白质、水、无机盐与维生素。

4. 糖类是一类由碳、氢、氧构成的有机化合物，又称碳水化合物。糖类是为人体提供能量的最主要物质。淀粉、纤维素也属于糖类，淀粉遇到碘会变蓝，可用于检验淀粉。

5. 油脂是油和脂的合称，其主要成分为甘油三酯，密度比水小。油常温下是液态，来自于植物；脂常温下是固态，来自于动物。油脂能为人体提供能量，是人体的储能物质。油脂能与氢氧化钠等强碱发生皂化反应，生成甘油和脂肪酸钠，后者是肥皂的主要成分。

6. 蛋白质是一类由碳、氢、氧、氮构成的、结构复杂的有机物。蛋白质是构造生物体的基础物质。

7. 无机盐在平衡人体渗透压方面有着重要作用。人体所需最主要的无机盐是氯化钠，另外还需要少量钾、钙、镁等离子。

8. 维生素是一类复杂的有机化合物。它们不构成人体细胞、不为人体提供能量。但在人体生长、发育、代谢中起到重要的调节作用。维生素分A~E五个不同族群，缺乏不同种类的维生素可能导致不同疾病。

9. 乙醇俗称酒精，结构简式为 CH_3CH_2OH。乙醇能够燃烧、消毒、溶解一些水中难溶的有机化合物。

10. 乙酸俗称醋酸，结构简式为 CH_3COOH，具有酸性。除了做调味品，乙酸也是重要的化工原料。

11. 溶液是均一、稳定的混合物，溶液可能有颜色，但都是透明的。溶液中被分散的物质被称为溶质，用于分散溶剂的物质被称为溶剂。溶质溶于溶剂的过程没有新物质产生，是物理变化而不是化学变化。

12. 一定温度下，溶质在100g溶剂中能溶解的最大质量称为溶解度。溶解度越大说明溶解能力越强。

13. 物质的溶解能力既与溶质性质、溶剂性质有关，又与温度有关。大多数固体的溶解度随温度上升而增加，气体的溶解度随温度上升而降低。

终章

1. 石油是古代动植物经过漫长地质演化形成的混合物，呈黑色粘稠状。根据沸点差异可将石油分馏得到石油气、汽油、柴油、煤油、石蜡油和沥青。石油的分馏是物理变化。

2. 石油经过裂化能得到为乙烯、丙烯与苯等石化产品。这些化学品会进一步合成为塑料、橡胶与合成纤维。石油的裂化是化学变化。

3. 电池是一类能将化学能转化为电能的装置。常见的电池分为一次性电池和充电电池。一次性电池不能用于充电。